读客®文化

会做图表的人显得特别牛

[日] 桐山岳宽（Takehiro Kiriyama） 著　　白娜 译

説明がなくても伝わる図解の教科書

文匯出版社

图书在版编目（CIP）数据

会做图表的人显得特别牛 /（日）桐山岳宽著 ；白娜译. -- 上海 ：文汇出版社，2022.9（2023.11重印）

ISBN 978-7-5496-3849-9

Ⅰ. ①会… Ⅱ. ①桐… ②白… Ⅲ. ①表处理软件 Ⅳ. ①TP391.13

中国版本图书馆CIP数据核字(2022)第140026号

会做图表的人显得特别牛

作　　者 / ［日］桐山岳宽
译　　者 / 白　娜

责任编辑 / 戴　铮　　邱奕霖
特约编辑 / 李悄然
封面装帧 / 于　欣

出版发行 / 文匯出版社
上海市威海路 755 号
（邮政编码 200041）
经　　销 / 全国新华书店
印刷装订 / 河北中科印刷科技发展有限公司
版　　次 / 2022 年 9 月第 1 版
印　　次 / 2023 年 11 月第 4 次印刷
开　　本 / 880mm × 1230mm　1/32
字　　数 / 185 千字
印　　张 / 8.25

ISBN 978-7-5496-3849-9
定　　价 / 49.90 元

“感觉对方没太听懂我的说明啊……”

你是否也有过类似的经历呢?

尤其是在职场中，我们经常需要从零开始介绍对方并不了解的信息。有时需要介绍的信息内容复杂，可能会引起不必要的误解。

事实上，不是只有你一个人有过这种感受，认为自己不擅长“解释说明”的人并不在少数。要想准确且一目了然地说明、介绍，其实难度是非常大的。

熟读各种传授话术的书籍，抑或是提前准备好发言稿，效果依旧不尽如人意。加班到很晚精心准备的幻灯片，同样反响平平。即使直接展示资料，仍需要花费大量时间解释说明才能让对方真正理解。明明在说明资料里写得很清楚了，可对方还是会有诸多疑问，甚至不满。反复说明，又搞得对方很不耐烦……

本书会介绍一种方法，帮助你解决这些困扰，实现更加高效且准确的表达，使对方瞬间理解你想要传达的思想和内容。

请对比下面两张图。

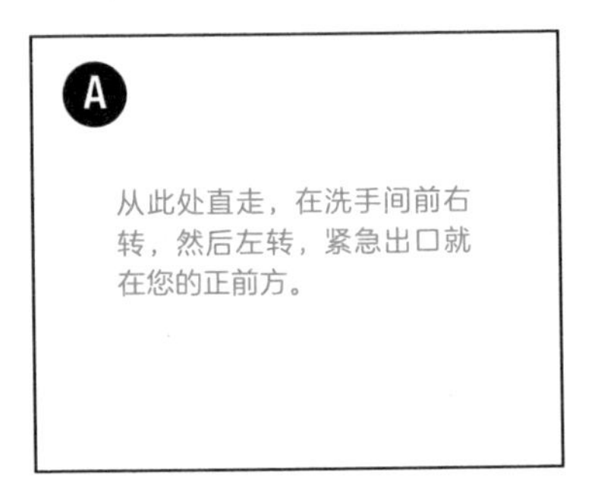

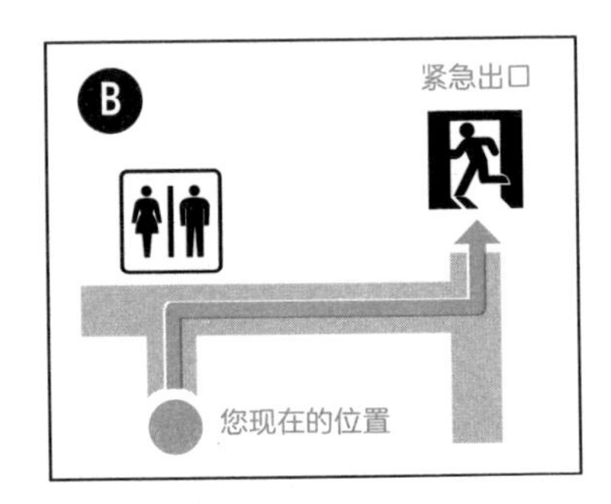

哪张图更通俗易懂，想必一目了然吧。任何一个看到这两张图的人都应该会觉得“B 图更好懂”。

而那些总是为表达“想说明的事”而吃尽苦头的人或许会对着 A 图叹息：“怎么就理解不了呢。”

这时，只要看一眼 B 图，信息就会了然于胸，不仅不需要什么富有技巧的话术，更不需要出色的写作能力。

需要的，只是用“恰当的图”进行说明的技术而已。

本书将会详细介绍这一方法论。

制作图表的原理其实非常简单，你肯定也能做到。只要一张纸、一支笔，还有“一点点知识”就足够了。

迄今为止，我一直在研究什么样的设计能够有效提高语言不通的外国人的理解度。

倘若不使用对方的母语，能够有效传递多少信息？如何才能保证将信息完美地传递给所有人？这就是我研究的课题。

在反复进行文献检索和实验的过程中，我明白了一件事。那就是，**即便是语言和文字都难以解释清楚的内容，只要采用恰当的图表，就能跨越语言的障碍。**

以这个研究为基础，我总结出了任何人都能轻易学会的“一目了然的制图技术”。本书的众多内容都能应用在外事接待或是海外战略中。如果与对方没有语言上的障碍，那么效果会更好。

让我们一起学习、掌握本书中的制图技术，摆脱对“解释说明”的心理障碍。

请准备好纸笔，立刻行动吧。

2017 年 6 月　桐山岳宽

目录

Chapter 1

［准备］

“图”可以说明一切

［制图］

翻越“主题、呈现方式、收尾”三座大山

［案例集］

只要将图表稍加改动，即可传达所有信息

Chapter 1

[准备]

“图”可以说明一切

1 制作具备传达力的资料不需要“写作技巧”

制作资料时的首要任务

你在工作中制作资料或准备发言所需的幻灯片时，第一步会做什么呢？也许你一下子回忆不起来，但大概率会是下面这种情况吧。

1. 打开面前电脑上制作幻灯片的软件。
2. 新建幻灯片，开始输入文字。
3. 根据需要，插入网络上或是文件夹中的图表、照片。

如果你是按照这样的步骤制作资料的话，那么，也许只需要养成下面这个习惯，就能让你的资料实现质的飞跃。这是一个对制作资料和编辑文章都非常有帮助的习惯。

准备好纸笔，静静地坐在椅子上，伸展后背。

结束。就这么简单。也许看上去多少有些老派，但这是我每次制作资料时都必须做的事。

人们第一眼看到的既不是“标题”，也不是“摘要”

在看资料或幻灯片时，最先进入人们视线的通常是同一种东西。你知道那是什么吗?

正确答案是：**图表、照片等“视觉化形象”。**

标题或摘要的确是非常关键的要素。但是，即使标题的字号被有意放大，也比图表和照片给予读者的冲击感弱一些，那些写满了字的长篇大论要想吸引读者的注意，更是难上加难。

假设此刻，你的眼前摆着一份资料。首先映入眼帘的想必也是图表或照片等视觉化形象。

人往往会生理性地先去关注表格、插图、照片等，即使资料中的文章写得文采飞扬，都与自己毫无干系。

紧接着，人们就会判断这份资料或文章对自己的重要性，如果重要度高，才会开始阅读其中的文字。

这就是读者在确认资料或文章时，无意识中推进的过程。

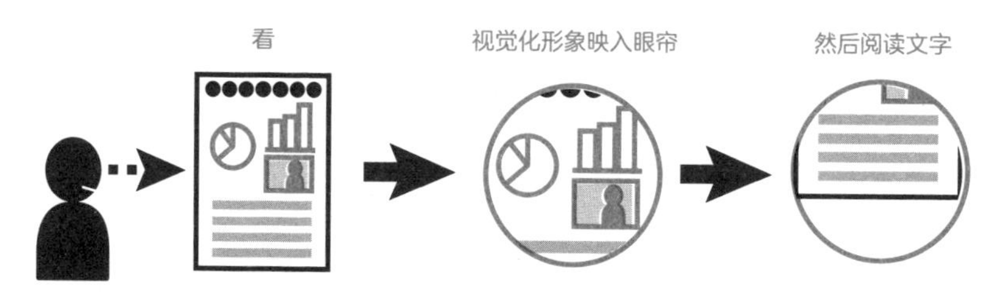

人往往最先关注视觉化形象

对于不擅长写作的人来说，更是绝佳的机遇

你的老师或上司是否也曾这样教导过你——“一份资料的好与坏取决于内容的水准高低，内容才是关键。”如果你也这么想的话，那就需要转变一下观念。

当然，如果资料里的内容一塌糊涂，毫无逻辑可言，自然也是不行的。

但同时，认识到“人们在看资料时，最先捕捉到的往往是其中的视觉化形象”也是极其重要的。对这一事实的理解与否，做出来的资料是有着云泥之别的。

如果你还没能有效地运用视觉化形象，那么肯定会遭受无比巨大的损失。

对于一直以来被贴上“表达能力差”这一标签、自认为不擅长写文章的人来说，这里隐藏着一个可以挽回一切的绝佳机遇。

制作一目了然的资料

铺满了文字的资料自然是做不到通俗易懂的，但即便是诉诸视觉，“复杂难懂的图表”也不能称为一份好的资料。想必你应该也遇到过一眼看上去不知所云的图表，让你根本没有继续看下去的欲望。

无论是铺满了文字的资料，还是复杂难懂的图表，一旦让人产生晦涩深奥、复杂烦琐的**第一印象**，那么读者的注意力就很难集中，对资料也会兴趣索然。

也就是说，**之所以看到信息也无法理解其中的含义，是因为缺乏一目了然的要素。**

仅仅是这个原因。

第一印象取决于视觉化形象

如果能用通俗易懂的图表或照片直观地传递信息，结果或许会截然不同吧。

这与信息量的大小无关。就资料或是幻灯片整体而言，开头很重要，而每一章、每一页又有各自恰当的展示方法。所有信息都有各自的要点，与信息量的多少无关，而对每个要点的第一印象，会左右读者对资料的理解以及后续的态度。

从这一点也能看出，视觉化形象的影响力是不可估量的。

省去口头说明的工夫，提高理解度

准确传递信息的方法主要有以下三种，我们总会选择其中的一种。

- 说
- 写、画
- 借助可视化资料进行口头说明

有时一定的条件限制会导致我们无法选择，但有时我们也会不假思索地随意选择一种方式。在这里想要提醒大家注意的一点是，采用“说”的方式时，即便传递的是相同的信息，在不同的状态下，传递的效果也会有所不同。

具体来说，比如你当天的身体状况，会场的布置，听众的群体种类、态度等，这些都会影响信息传递的效果。你也许会紧张得语无伦次，也可能会啰里啰唆、滔滔不绝。一流的发言人、演讲者自然另当别论，大多数人在公开场合表达时都很难做到全程保持稳定的语速和节奏。

而用文字和图表进行说明时，一旦定稿，就很难再更改。100 字的文章，再怎么复制也还是 100 字；无论到场的听众有多少，折线图上的数字也不会有任何变化。

有过公开演讲经历的人肯定明白，在传递信息的过程中不能遗漏重要的内容，可能的话，最好能保证每次传递信息的质量或水平是恒定的。

视觉化形象就是帮助稳定信息传递质量的“强有力的工具”。

你是不是也曾为了避免在演讲时遗漏信息，有意地在幻灯片中将相应的内容作特别标注，使其更加醒目呢？是不是也曾为了避免让事情变得复杂，选择在幻灯片中添加一些通俗易懂的图表呢？如果是这样，那就证明你已经充分理解了“图表”的本质。

“让图表发挥作用”是指，省去口头说明的工夫，大幅提高读者的理解度。

通俗易懂的视觉化形象本身就可以说明一切。如此一来，就不需要用语言或文字进行说明了，与此同时，还能保证读者每次阅读后的理解度基本保持在同一水平。

图表不仅能帮助那些不擅长在公开场合发言的人，对于在众人面前侃侃而谈的人来说，图表的作用也非常显著。只要在使用方法上花点心思，下点功夫，就能让你的说明拥有焕然一新的力量。

那么，无须口头说明的图表究竟是什么样的？只要展示在对方面前就能提高理解度的图表又是什么样的呢？下面就让我慢慢道来。

应该如何介绍对方并不了解的“水豚”？

比起语言和文字，图片更一目了然、直截了当。

2 借助“表达方式”提高对方的理解度

通过两张图表，体会“理解度的差异”

请看下一页。两张图表展示的都是全球各区域的咖啡消费量。

首先声明，这两张图表都是我基于国际咖啡组织（ICO）2016 年公布的数据制作的。大家应该能看明白，两张图表的不同点在于折线的种类、信息的配置等细节吧。

接下来请发挥你的想象力。

假设，你现在正站在台上介绍亚洲和大洋洲市场的发展前景，下面需要将图表投影在大屏幕上。

此时你会选择哪张图表？这两张图表中，哪一张不需要过多的解释和说明就能让大家理解呢？

如果你在心里默念“第 2 张图表”，那么说明你能够直观地理解图表的影响力。

因为**图 2** 的折线图可以在一秒钟内传递出“亚洲、大洋洲的市场前景比任何地区都要大”这一信息。

如果展示的是**图 1** 的折线图，那么演讲者就需要口头说明听众应该关注哪里。

哪张图更通俗易懂?
介绍亚洲、大洋洲的市场前景

图 1

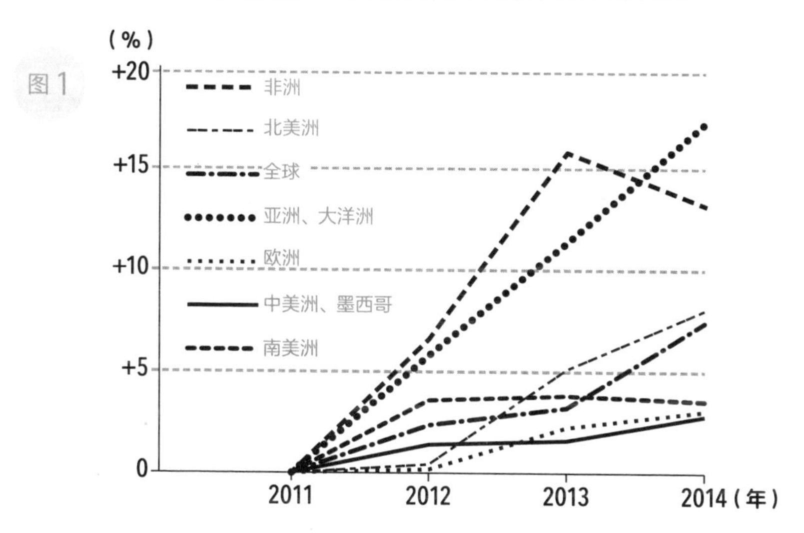

全球咖啡消费量(以 2011 年为基准的增幅)

图 2

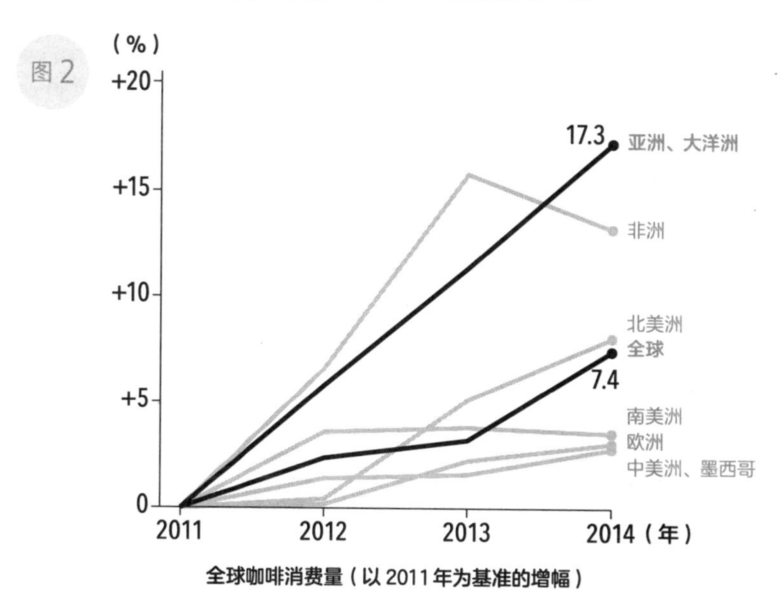

全球咖啡消费量(以 2011 年为基准的增幅)

台下的听众一边要盯着各种令人头晕目眩的线条，一边还要听演讲者说明，必须全神贯注地盯着屏幕，等待你的解说。

如此一来，听众的注意力自然会被分散。

反观**图 2**，加粗的线条自然有一定的特殊含义，听众在听演讲者介绍之前，就能推测出解说内容。

借助图表省去说明的工夫，大概就是这种感觉。

不了解图表效用的人，或者不具备图表知识的人，或许会将**图 1** 原原本本地摆在资料中吧。

而充分理解图表效用的人，就会像**图 2** 那样，根据需要传递的信息，在展示方式上作相应的调整。

信息源完全相同，展示的内容也没有任何差别，但是只要稍稍改变一下视角，传递信息的方式就会截然不同。

也许有人会说，这种差异太小。

但是，试想一下，倘若是长达 30 分钟的演讲、50 多页的资料、100 多页的汇报稿，抑或是 10 年来的发展进程，这些小小的差异将积累成多大的鸿沟呢，想必答案会令人咋舌吧。

制作通俗易懂的图表，而不是让人感觉更加凌乱的图表

工具都配齐了，为何还是不具备“传达力”

轻轻点击电脑桌面的图标，短短几秒钟就能启动用来编辑资料的软件。每一个软件都具备各种先进的功能，如果能运用自如，就可以做出连专业人士都相形见绌的设计。

你的面前已经摆满了制作资料和写文章时可能用到的各种工具，而且这些工具的各项功能日益完备。

但是，你是否真的体会到了以下感受呢？

- 用资料或文字说服他人变得更加容易了
- 和以前相比，企划案的通过率更高了
- 汇报、发言的效果有了实质性的提高
- 和以前相比，客户或信息接收方的理解偏差有所减少

能够自信满满地说“有了数字化设备，我的人生有了翻天覆地的变化”的人是幸福的。

但是，这种人寥寥无几。

原因就在于，使用工具的人的“知识量”的扩充速度远远落后于工具进化、更新的速度。

这里讨论的“知识”，是指关于视觉化形象效果的知识。

因为没有足够的知识，所以才无法灵活地运用工具，无法充分发挥工具的功能和作用。

那么，缺乏制作图表所需知识的原因又是什么呢？

长期以来，我们接受的教育都是正文比图表更重要，换句话说，

就是应该将更多的时间花费在完善文章上。

再加之，我们周围很少有人能够针对图表给出恰当且准确的反馈。

所以，日常生活中我们所见到的资料或幻灯片，大多是复杂无趣、晦涩难懂的。

不可否认，文章的确是非常关键的要素，但它也只是资料的一部分而已。

当你制作资料时，可以按照内容和展示方式五五分的原则进行设计和编排。

工具很重要，但用好工具所需的“知识”更重要

3 你做的是不是无法传递信息的“死图”

环顾周围，“死图”比比皆是

如果你正苦于无法提升文章写作水平，那不妨换个角度思考，试着多花点时间在做图上，或许你就能找到一条可以省时省力地提高读者理解度的捷径。

但是，如果缺乏图表展示方式的相关知识，抑或是掌握了错误的知识，原本一心想做出通俗易懂的资料，就可能弄巧成拙，变成令人费解的资料。

如果用错了图表的展示方法，就可能事与愿违，造成不必要的误解。

在我看来，目前能关注到这一点的商务人士寥寥可数。

从上市公司举办的客户研讨会到中小企业经营者的公开演讲，再到政府机关或各事业单位公布的资料等，我们有大量的机会可以阅读到各种各样的资料，但单从图表技能的角度来评价的话，95% 以上都非常糟糕。

大部分资料都拥有强烈的自我风格，只有创作者自己看得懂。

而这些就是接下来我要向大家介绍的“死图”。

请大家回想一下，过去你是不是也曾看到过类似的“死图”。

各事业部销售额增长率变化（以 2007 年为基准）

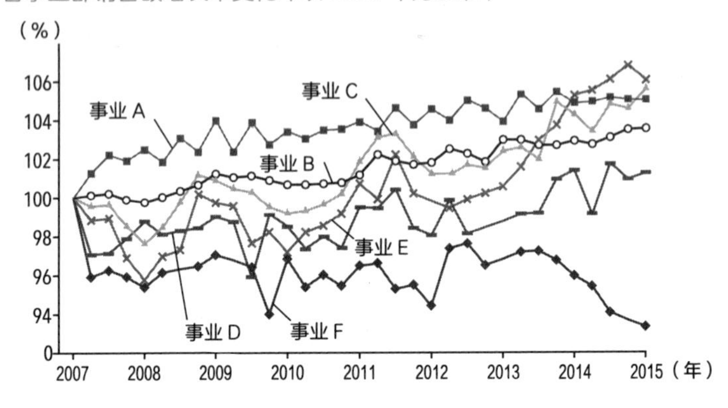

死图 1　折线图

像是在画人体的毛细血管一样，各种线条纠缠混合在一起。
虽然数据是按照时间顺序来呈现的，但视线跟随如此复杂的线条，
极易造成视觉疲劳。从这份资料里应该获取什么样的信息呢……

A 品牌的市场营销策略概要

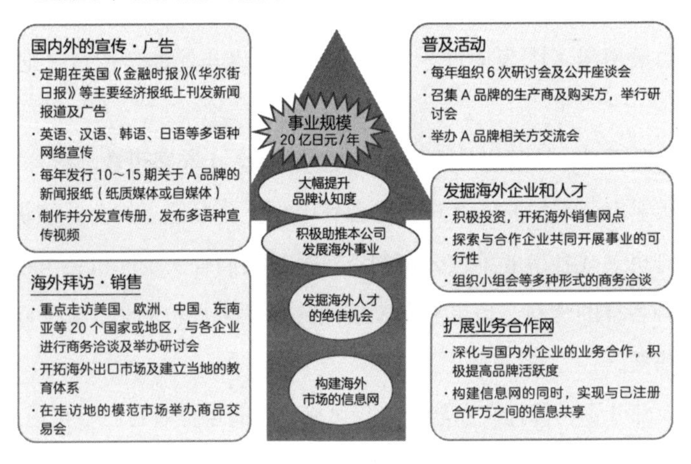

死图 2　演讲幻灯片

幻灯片上铺满了大量文字，看得人眼花缭乱，读得人心烦意乱。
演讲者吃力地念着资料上的字，丝毫不理会听众的感受。
会场里气氛冷清，因为没有人会愿意阅读如此复杂冗长的文字。

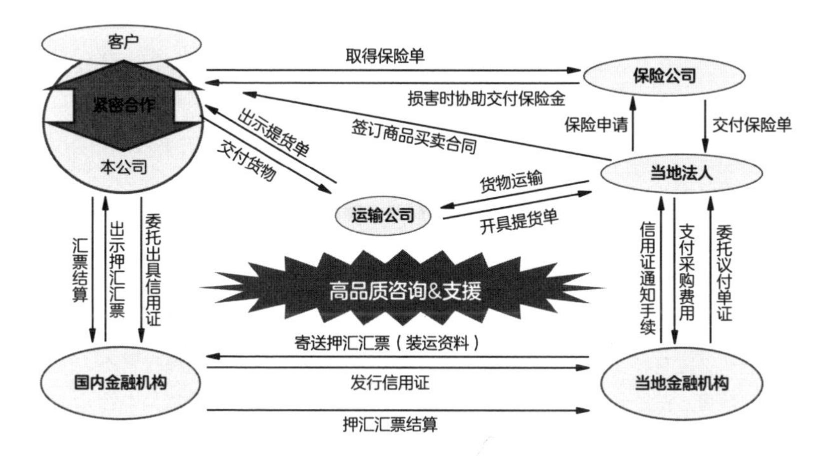

死图 3　步骤和流程解说图

这是一张用大量箭头连接起来的业务流程图。每一个箭头上都标注了相应的说明，看起来就像是盘根错节的迷宫。不禁让人怀疑，制图人是不是有意把图做得这么复杂。

越聪明的人越容易陷入的误区

之所以会做出这些“死图”，绝大部分的原因都在于创作者意图将只有自己能看明白的图表强加于对方。

大致可以分为以下三种类型。

1 准备
2 图表的功能
3 制图
4 案例集

① 以脑海中闪现的“一个图表”开始，一条道走到黑

正在写文章，突然想到应该加一张图表，然后立马开始制图。根本不去深入思考还有没有其他更好的展示方法，做出一份资料便交差了事。

↓

结果，做出来的图表只有创作者本人能看得懂。

②“原封不动”地挪用搜集的素材

在制作资料的过程中想到要展示相应的数据，回想起以前在别的项目上做过一张数据图，直接复制粘贴到现在的资料中。虽然其中包含了很多并不需要的信息，但也未做任何调整。

↓

结果，做出来的图表复杂难懂。

③ 在一张图表中呈现的“信息量过多”

想到用饼状图汇总某个国家的贸易交易国占比的变化情况。即便出口国总共有 20 多个，仍旧选择全部汇总在一张饼状图上。为每个国家涂上不同的颜色，还在饼状图中央标注各国的贸易交易额，可以从中获知交易额排序。同时，为了方便对比，将 10 年前的数据图摆在右边。

↓

结果，做出来的图表极其烦琐复杂。

事实上，越优秀的人越容易陷入这些误区。因为他们觉得既然自己能理解，那么别人肯定也能看得懂。

他们心想：“这么简单的资料，对方应该能看明白吧。”

对方一言不发，并不代表他们理解了

其实，对方可能是好不容易才弄懂，或是花了很多工夫才理解，也有可能是完全没看明白。

但是，问题不仅是晦涩难懂的死图的存在，更大的问题在于制图者对这些死图置若罔闻。而之所以会这样，是有一定原因的。

因为没有人会指出“这张图太难懂了”。

在听介绍说明的过程中，很少有人会诚实地指出“听不明白、不能理解”。出现这个现象的原因有以下两点。

第一，觉得直接挑明太失礼，不想伤害对方，所以有所顾忌，心里想着就算这个时候不提问，也总会有办法搞明白。

第二，存在“没听明白是因为我的理解能力太差”的不安心理。说不定，只有我一个人没听明白，看其他人在听的时候还会时不时点点头……

觉得失礼所以说不出口

觉得可能是自己理解能力差所以说不出口

没有接到任何提问的汇报人也不清楚听众究竟是否已经完全理解。但是，即使对自己的介绍说明没有信心，最终还是会乐观地看待，心想“也没人说什么，应该没什么问题吧”。

于是，双方在理解上的差异就此产生。

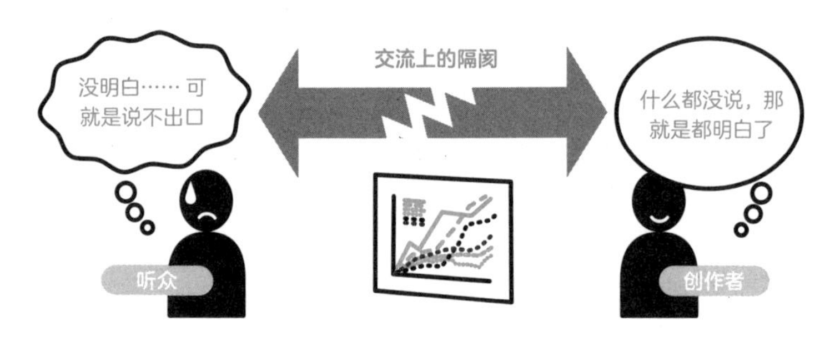

因为听众“说不出口”，所以创作者也
无法得知“这是一张很难理解的图”

如何才能让好点子物尽其用

“我没什么创意……”

很多人都有这种自卑感。

其实，之所以会感到自卑，原因很简单，因为大多数人都没有学习过图表制作的技巧和信息展示方式的基础知识。

“我连最基本的信息处理方式都不懂……”

“参考过去上司做的资料，或是从客户那里收到的资料，按照自己的风格，摸索着做资料已经是极限了，毕竟我也并非立志要成为一名设计师，更没有时间系统性地学习，还有很多更需要我优先处理的事情……”

我完全能理解这种心情。

话虽如此，但我们正处于一个信息爆炸的时代。

要想让你的好点子在信息的洪流中熠熠生辉，就必须展现出值得一看的价值。

比起内容很完美，但展示方式不恰当、无法传递价值的资料，或是复杂艰涩、曲高和寡的资料，大多数人更会关注到那些虽然不够完美，却能打动人的资料。

如果能成功地吸引读者的注意，那么自然会有办法完善资料，也会有进行补充说明的机会。

你应该做的仅仅是利用图表，制作通俗易懂的资料。

很多情况下，吸引读者注意力的机会只有一次。如果让那些质量不高的资料和提案掩盖了你的价值，无论对你自己，还是对社会而言都将是巨大的损失。

所以我们一定要避免这种情况发生。

想必大家已经明白了，打破竖立在我们面前的壁垒的“决胜之举”就在于制作图表。

制作通俗易懂的图表不需要标新立异的创意

苦于创意的你，一定要放心。

事实上，制作图表需要的并不是创意，而是设计的基础知识。

把一些基础知识拼凑在一起就足够了，而且我们还可以利用

“小抄”。

迄今为止，众多的画报设计师、设计研究员和认知科学家，历经无数岁月积累了大量的知识和经验。我们可以大胆借鉴他们传承下来的知识财富，即便我们不是设计师，这些技巧对我们也很有帮助。

制作图表的技巧，说白了不过是对一些“基础知识”的应用而已。

与创意毫无关系。只要懂得模仿成功案例，照本宣科就可以了。

本书汇集了大量基于世界各国优秀案例制成的图表，希望大家能从中汲取经验和技巧。

制作图表时比创意更重要的是基础知识

不过，在那之前如果能掌握有关图表的基本概念，就能更高效地做出通俗易懂的图。

在 Chapter 2 中我将会对图表的基本原则进行详细介绍。

4 如何才能做出一目了然的图表

图表在任何行业、任何工作中都能派上用场

图表可以应用于各种场合。

比如，演讲时的幻灯片、宣传单、印刷品、网站等。无论是自己动手制作，还是委托专业的设计人员制作，图表都扮演着极其重要的角色。如果能简洁明了地传达想要传达的信息，即可实现高效的沟通交流，准确性也会有所提高。

除此之外，图表在任何行业都能派上用场。

当今社会，没有任何一个行业可以脱离图表而存在。无论是手机支付的方法介绍，还是面向建筑行业的新型挖掘机公开发布会，图表都是必不可少的。就连儿童教育、福利公益、社会活动，抑或是外事接待、全球化战略等领域，图表也是不可或缺的重要元素。

这些都意味着，所有工作、所有行业都是基于“说明介绍”而成立的，而图表在其中发挥着积极作用。

要想在充满不确定性和不安的当今社会生存下去，必须拥有一个强有力的武器，即“图表制作技术”。

使用符号，即可“直观地”传达信息

到现在为止，本书一直反复提到“图表”，但或许会让大家失望，并不是所有的信息都能采用视觉化形象进行展示。文字有文字的作用，很难完全取而代之。

抽象的、概念性的内容，大多数情况下还是必须依靠文字来传达，采用图表的方式有时反倒会弄巧成拙。

比如，如果要将下面这段文字转化为图表进行说明，则会非常困难。因为这段文字多少有些抽象。

> 通过对文字和语言信息进行视觉化处理，即可实现更高效准确的信息传递。

只能通过复杂的文字进行说明的示例

这种情况下，使用图表或许就会显得有些无力。但事实并非如此。

借助图表，将文字的排列组合和展示方式变得更加简明易懂的情形其实比我们想象中要多很多。

采用文字和图表结合的方式，或是改变分类方法，就可以取得与视觉化形象相同的效果。

还是以上面那段文字为例，如果使用算术符号会是一种什么样的效果呢？其实方法很简单，也非常常见，具体如下图所示。

用符号展示复杂信息的示例

怎么样？有没有感觉一下子变得简明易懂了呢？

虽然是很简单的方法，却更加直观，能更快地让读者理解其中的含义，而且这种方法也算不上什么新的创意。

可是一旦到了真正要做资料或者写文章时，大家又会把这些方法忘得一干二净。

根据内容的不同，有时我们需要用文字进行表达，但是如果只考虑信息的传达力，用图表的方式就会略胜一筹。

使用符号，可以使读者更加直观地理解其中的含义。

大家完全可以把这个小技巧记在大脑深处，在制作图表遇到困难时就拿出来。无论何时，不断思考“如何才能进行图表化展示”的态度是至关重要的。

但是，也请大家牢记，过量地使用符号会适得其反。

因为符号的使用容易过于主观，从而导致读者不理解这些符号代表什么含义。

尤其是“=”“、”“：”等，很多人会无意识地使用这些符号，但是从不考虑使用方法的规则和一贯性，不管什么样的内容都试图以算术符号来表示，类似的资料可以说是随处可见。

“只要用了符号就万事大吉了”，在这种思考停滞的状态下做出的资料，只会让读者更加混乱，所以大家一定要避免这种情况的发生。

创作者绝不可弃读者而去，独自前行。

图表应随制作目的的改变而变化

正如第 14、15 页中列举的死图一般，并不是将图表盲目地堆砌在资料里就一劳永逸了。贴上几张艰涩难懂的图表根本没有任何意义，有时甚至还会弄巧成拙。

重要的是内容和质量。

图表的目的在于直观地向对方传递信息，创造能让对方理解的“契机”。只有读者认可了我们要传达的信息的价值，才能证明这是一次有效的信息传递。所以，务必将下面这句话牢记于心。

目的不同，那么展示方式也会随之改变。关键在于呈现与目的完美契合的图表。

本章的开头中提到，“根据需要，插入网络上或是文件夹中的图表、照片……”，但事实上，基于其他目的做出的图表，是无法直观地传递此刻你想要表达的信息的，因为当初制作这些图表的目的是传递其他信息。

当需要引用图表时，请牢记“基于新目的，对图表进行适当的调整或改造”“根据需要，鼓起勇气重新编辑”。

掌握图表的“基本架构”

倘若过去在做资料时，你只是照搬网络上的信息或是其他文件，现在就有可能会担心新的做法会很麻烦。但是，这里我必须向大家声明一点：

只要掌握了图表的基本架构，就可以持续创作出优秀的作品。

因为图表的基本架构大多是非常常见的形式。翻一翻免费的宣传册和网站，优秀范例多如牛毛。对你来说，其实有很多司空见惯的表现方式都可以成为图表的范本。

也就是说，你只需要知道应该把自己想要传递的信息套入哪个基本架构就足够了。

思考图表的表现方式时，关键在于快速地想到信息与基本架构的最佳组合方式，这需要我们在脑海中进行梳理。

关于图表的基本架构，我将在 Chapter 4 中进行详细介绍。

这里只需要大家记住制作图表的 2 个基本步骤，即“掌握基本原则”和“将想要传递的信息套入图表的基本架构”。

制作图表的基本步骤

- 掌握基本原则
- 将想要传递的信息套入图表的基本架构

不需要“艺术性”和“创新”

在理解图表的制作技巧时，有一个非常关键的概念。

即，**绝不能创造出全新的事物。**

图表不是前卫艺术，它的目的只有一个，即**“正确且快速地传递信息”。**

所以，尽可能采用人们熟悉的表现形式是非常关键的。如果要展示的图表是对方不太熟悉的形式，那么就必须告知对方如何才能读懂这张图，这是会妨碍读者直观理解的。如果呈现的图表是谁都从未见过的，那么就需要一定的说明，而这些说明同样也会成为理解过程中的障碍。

在制作图表时，选择那些任何人都懂的阅读方法、一目了然的形式，就能大幅提高对方的理解度。

设计师都从手绘开始做起

在制作图表时，第一步应该做些什么呢？如果遇到这个问题，那么答案只有一个。

首先，准备好纸笔坐下来。

这一点其实在序言中也提到过，不知大家是否还记得。这样做的目的是自由地想象，自由地书写。

原因在于，在制作图表的时候，前期的构思和绘制草图，将大大影响图表的最终品质。

先准备好纸和笔。纸张的话，最好大一些，A3 大小应该就足够了。即便是现在，绝大多数优秀的画报设计师在构思时还是会选择用纸笔画草图，而不是用电脑，用铅笔的也大有人在。

因为这样可以进行快速且灵活的思考。

反复描绘的过程，各种创意像笔记一样散落在纸张的各个角落，这些都将成为后期开展实质性设计的基础。

即便是当下的数字化时代，仍有大部分设计师表示，这种手绘作业是无可替代的。

也许你会感到吃惊，但事实证明，没有这个过程是无法有效推进图表制作的。

这种手绘作业，恰巧是图表制作的主要部分。

如果能仔细严谨地完成这个过程，就能有效提升图表的完成度。

有了万无一失的准备工作，再用电脑做最终的完善，也不会花费太多时间。

第一步，只需要纸和笔

1 准备 2 图表的功能 3 制图 4 案例集

5 做到“一目了然”的制图步骤

掌握图表技巧的捷径——活用“DTM”

应该按照什么样的步骤制作图表呢?

也许每个人的方法都不尽相同，但有一个获得了权威认证的高效方法，也是我平时不断实践的方法，我想可以将其称为“思考的捷径”。

事实上，这个方法在国外的高等设计教育上已经极为普及，是设计专业的学生必须掌握的思维方式，大部分的讲义都是对该方法的延续和继承。

话虽如此，但你不需要感到恐惧。在日本，也有很多独具匠心的人在无意识中对该方法进行着无数次的实践。

在这里，我想将这一方法称为“DTM”。事实上，这个方法原本是没有名字的，只不过整个思维过程是按照 Discovery（发现）、Transforming（加工）、Making（完善）的顺序推进的。

“DTM”只是按顺序将这三个单词的首字母进行排列而已。如果能按照 DTM 的步骤推进，就能从多样化的角度解决面临的课题。

DTM 的内涵非常简单，大家可以将这三个步骤记在心中，在此基础上思考如何制作图表。

接下来，就将目光聚焦在图表制作上，简短地学习一下每个步骤吧。

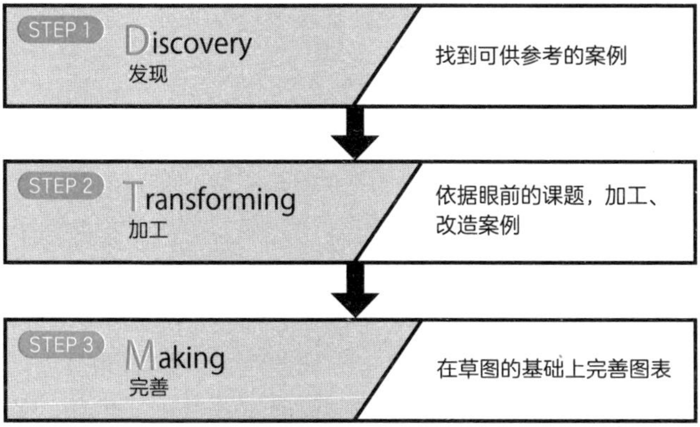

STEP 1 Discovery 发现 找到可供参考的案例

STEP 2 Transforming 加工 依据眼前的课题，加工、改造案例

STEP 3 Making 完善 在草图的基础上完善图表

DTM 的思维过程

STEP 1
Discovery（发现）——找到可供参考的案例

先明确需要解决什么问题。比如，是要完善给上司的资料呢，还是要让给客户说明介绍的资料更具有说服力。

明确了课题之后，就要集中注意力去寻找可供参考的案例。

我们可以从身边的任何事物中寻找、搜集能给予我们启发和灵感，或是可供参考的案例。可以是办公室书架上的资料、某个网站，也可以是你比较中意的网购宣传单。

给大家布置这样一个课题。

假设，你要围绕“全球咖啡消费量的变化”制作一张通俗易懂的图表，这时你会寻找些什么样的案例呢？

让我们先来思考一下都有哪些方法可以展示“全球咖啡消费量的变化”。

折线图、柱形图、饼状图、数值表……再或者，你找到的是一张风格独特的插图，究竟哪一种更接近于你想表达的内容呢？

为了避免主观臆断，希望大家能在这个阶段尽可能多地搜集各种形式的图表。好了，让我们站起来，离开座位，翻一翻手边的报纸、宣传册或者资料集吧。哪怕无法让你立刻产生共鸣，抑或是不能认定“就它了”也无妨。总之，这个阶段最关键的就是搜集案例。

怎么样？是不是已经搜集了几种不同形式的图表呢？

那么，接下来想想如何才能将“咖啡”视觉化。此时，或许可以翻阅咖啡店的官网或是菜单，应该能从中搜集到一些帮助我们直观地传递信息的东西，比如色彩、形状、插图等。

最后，我们也尝试着思考一下如何才能让读者直观地体会到“全球”这一概念。比如，某个公平贸易咖啡（Fairtrade coffee）的品牌，以及该品牌的管理机构等设计的宣传册、网站上，在呈现国内外流通与消费的相关性时采用了什么样的图表，是否可以从中获得一些提示呢？

只找到一个案例是不行的，一定要尽可能多地搜集。这样我们就可以进行对比和组合，这一点非常重要，目的在于站在多个客观的角

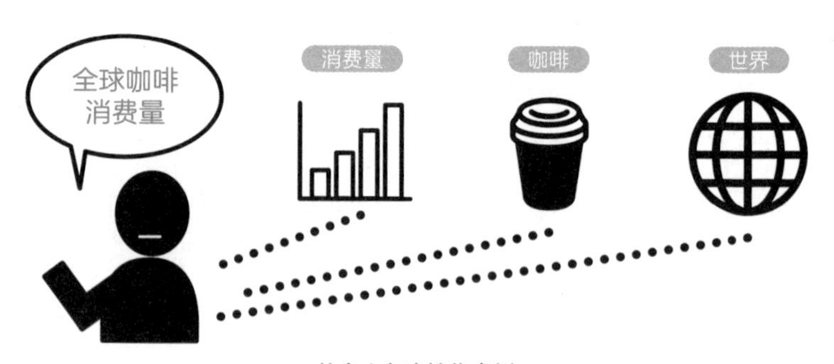

从多个角度搜集案例

度审视问题。也可以围绕关联行业以及类似的服务、商品等寻找可参考的案例。好的、不好的，各种案例都要搜集起来。

思考这张图好在哪里，那张图的缺点在什么地方，可以帮助你找准前进的方向。

本书的 Chapter 4 共搜集了 49 个参考案例，将成功案例和失败案例进行对比并加以说明，旨在减少你在寻找案例上花费的时间，你可以灵活运用。

STEP 2

Transforming（加工）——依据眼前的课题，加工、改造案例

在步骤 2 中，我们需要集中精神研究如何才能将步骤 1 中搜集的案例应用到自己的课题上。

我们来依次观察一下搜集到的案例吧。通过重新编排信息的分类方法、形状、文字、数值及排版，是否能从中找到你解决课题的突破口呢？

此时，开篇中提到的习惯——“准备好纸笔”就可以发挥出它真正的作用了。试着描绘几次框架和草图，慢慢地就能看清眼前的图表中究竟缺少什么样的要素，什么样的要素又是多余的。

这里举一个非常简单的例子。请看**图 3**，这是由一张汽车销量图转化而成的咖啡消费量图。其中的工作，不过是将图标从“汽车”替换为“咖啡杯”而已。

可以看出，如此简单的调整，就能将汽车销量图改造为咖啡消费量图，你需要的图表就大功告成了。

图 3

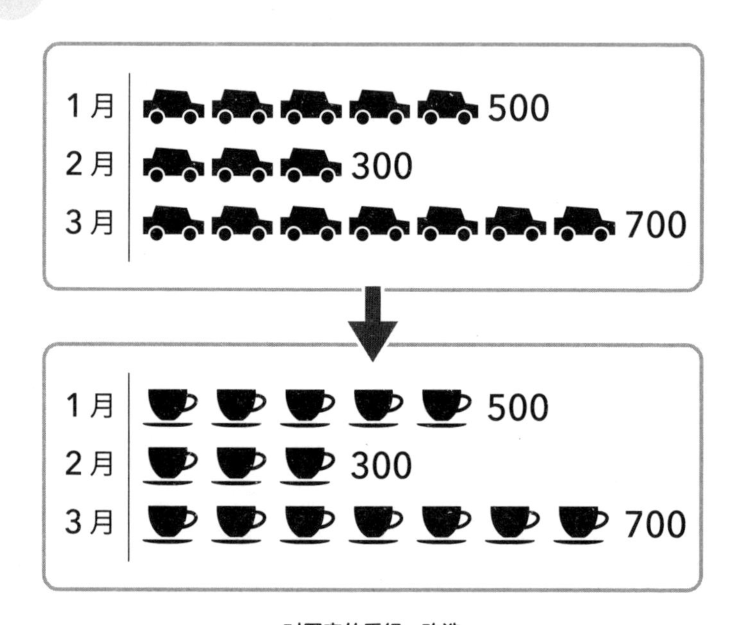

对图表的重组、改造

只需替换相应的图标，即可从汽车销量图变为展示咖啡消费量的图表。

在这个阶段，最关键的工作是不断重复类似的简单联想。

大家一定要卸下肩上的负担，静下心来完成这个步骤。

如果能把那些在大脑中思考起来很困难的事情，用笔画出来，或许就能茅塞顿开，浮现出很多不错的点子。

无论何时，图表都能将事物具体化，使其变得浅显易懂。

在画出让你觉得信心满满的图表之前，一定不要放下手中的笔，绝佳的构思必定会出现。

在 Chapter 3 中，我会将这一思维方式分成三个步骤，借助具体的示例进行详细说明，所以大家一定要理解，在这个阶段我们只需要跟着自己的直觉往下走就足够了。

STEP 3

Making（完善）—— 在草图的基础上完善图表

终于来到了最终阶段。

这个阶段我们需要基于做好的草图，形成最终的图表。为了让对方在看到图表时瞬间理解其中的含义，我们需要完善图表的呈现效果。

具体的构思就在大脑里，用电脑制作应该也不需要花费太多时间。

关键在于，任何时候都要追求最简单的形象和构造。

正如下面的图标一样，立体化的图标往往会影响对方客观准确地读取数据。

只要牢记这一点就不会出问题。

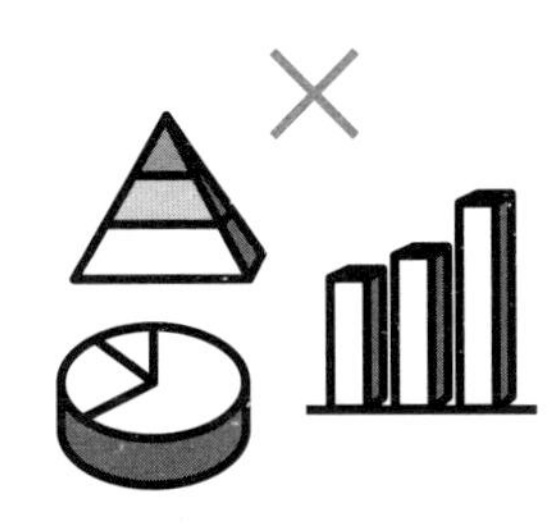

不采用立体图标，力求“简单”

但是，还有一点需要注意。

一旦发现做好的图表和我们想象中的不一样时，我们就需要再次拿起笔，鼓起勇气回到步骤 2。这次是要对自己做的图表进行改造。对比搜集到的范例并思考，应该就能找到突破口。

大家也可以参考 Chapter 4 中的改善示例。

不断重复各步骤，“适应”很重要

大家是否已经对步骤 1 到步骤 3 有了一个具象的认识呢。不断重复这些步骤，应该就能逐渐掌握图表制作的要领。也许刚开始需要花费一些时间，但慢慢地就能加快速度了。

让我们先从适应这几个步骤开始做起吧。

Chapter 2

[图表的功能]

通俗易懂的图表的5个要点

1 掌握图表的“5 个功能”

依据功能，对图表区分使用

究竟应该在什么时候展示什么样的图表呢？

几番尝试，总算是把图表做出来了，可是真的能够传递相应的信息吗？

如果你开始产生类似的疑惑，这其实是一个好的征兆，说明你不再仅仅站在向某些人展示图表的角度，而是已经开始站在对方的角度，考虑他们的感受了。这一点是非常关键的。

图表，不存在“唯一的正确答案”。创作者不过是在坚持不懈地探寻更好的展示方式而已。

不过，即使没有正确答案，头绪还是有的。所以，为了尽可能减少你脑海中浮现的疑问，我将在 Chapter 2 中详细介绍图表的功能。

我想，学完这里你应该会对何时展示什么样的图表建立一定的判断标准。

只要能大致理解图表的功能，那么制作图表时的迟疑和踌躇就会逐渐消失，同时也能节省一定的时间。

在 Chapter 1 中我们讲到图表有它的基本架构，事实上每一种架构都有它独特的功能，我想将其大致分为 5 点进行介绍。

图表的 5 个基本功能

图表的功能可以分成以下 5 点，任何一个功能都是为说明技巧打下坚实基础的基本要素。

图表的 5 个基本功能

- 即时传递信息
- 拉近与读者的距离
- 消除不安
- 让读者认真对待
- 避免误解和失误

某一个图表可以具备多个功能，同时，多个图表发挥同一个功能的情况也是存在的。

关键在于，打破束缚着说明、介绍的枷锁。

为了防止对方产生“解释了半天也听不明白”“找不到需要的信息”等感受，创作者需要主动传递信息。

这就是图表的作用。正如 Chapter 1 的开头中介绍的一样，人们的目光总是最先关注视觉化形象。

因此，这就成为我们制作图表所要达成的目标。

制作图表的目标

- 让对方能预想到创作者想要传递的信息
- 不让对方感到困扰，始终扮演他们的向导

下面我们将依次学习图表的 5 个功能。

图表功能 1

即时传递信息

“即时传递？不可能吧。”

也许有人会这样想，尤其是那些一直以来与以文字为中心的资料苦苦斗争的人，应该很难理解这一点吧。

但是，我想看了下一页，你应该就能理解其中的含义了。请大家略微瞥一眼下一页，只看一眼，0.1 秒就足够了，然后记住你所看到的图像。

现在还不能看。先答应我一件事，看一眼就立马盖住，不要仔细盯着那一页看，也避免一不留神看到那一页。准备好了吗？

那么，请开始吧。

那么，究竟写了些什么？

又画了些什么呢？

大家可以尝试着小声说说看。

小声说完了吧。这一项作业就此结束。

接下来，就让我们彻底放松，好好思考一下什么是“即时传递”吧。这一页有两张图，两张图要表达的内容是一样的，即“洗手间在右边”。

如何？这一信息是否传递到位了呢？**图 4** 和**图 5** 都在传达这则信息。你是通过哪张图获取到这一信息的呢？

可能有的人根本没发现这两张图传递的是同一个内容。

哪张图更一目了然?

为什么能做到即时传递

用文字进行展示的**图 4** 和使用图标呈现的**图 5**，给人的印象截然不同。想必绝大多数人都能理解**图 5** 吧。

大多数人只需看一眼就能立刻理解的信息即为“优质信息”。

那你知道为什么这个洗手间的图标能被大多数人所理解吗?

答案是，**因为随处可见，到处都在使用这一图标。**

这才是即时传递的核心。

“已经被广泛使用”是让任何人都能理解所应具备的重要条件。

要想实现即时传递，最直截了当的方法就是让信息的接收者联想到那些已经熟知的事物。

使用大众熟知的要素

假设，我创造了一个全新的图标指代洗手间，即使把它张贴在办公楼入口的引导栏，要让写字楼里的所有人都准确理解这一图标，想必也要花费大量的时间吧。

而使用那些大众熟知的要素，不需要耗费多余的精力和成本，即可促进信息的有效传递。

当传递信息成为第一顺位的需求时，除非你是设计专家，否则就没必要拘泥于美观、时尚和独创性。

所以，让我们专注于那些大众熟知的要素吧。

使用大众熟知的要素即可轻易地传递信息

使用象形图时的注意事项

在专业的设计领域，类似的图标被称为“象形图”（pictogram）。要让尽可能多的人在最短的时间内快速理解相应的信息，象形图往往扮演着关键的角色。比如，多用于轮椅、电梯、紧急出口等的道路引导标识或路标。在文件、资料以及网页中，象形图同样扮演着不可缺少的角色。使用说明书上会有提醒消费者注意安全的象形图，经常网购的人应该很熟悉购物车的象形图（**图 6**）。

尤其是在唤起人们对某个事物的关注、促使对方有所行动、展示某个项目等情况下，象形图都会产生极好的效果，可能很多人已经在无意识中实践过很多次了。

图 6

“危险 / 警示”的象形图（左）与“购物车”的象形图（右）

但是，在某些情况下，单凭象形图可能无法传递所有的信息。

在传达对于人们来说超出日常认知范围的信息时往往会出现这一问题。不熟悉的人原本就不理解这个象形图的含义。这样一来不仅失去了使用象形图的意义，还会给对方造成困扰。因为失去了联结信息的线索和头绪。

举个例子吧，请看下一页的**图 7**。

能看明白它代表什么吗？

估计这个问题的正确率会低得令人绝望吧。答案是，“连接江户和京都的老街道——中山道的路标”。这是对仅限于某一个地域使用的图标的重现。

单凭这一张图，根本无法理解其中的含义。光看这个图案，谁又能说得出这就是中山道呢?

可是，要想制作出一个谁看了都能明白“这肯定就是中山道”的象形图又是相当困难的。

图7

冷门难懂的象形图示例

总而言之，不被大众所熟知的象形图是无法起到传递信息的作用的。

在这种情况下，象形图的功能就会大打折扣，为了应对这种问题，建议大家进行如下调整。

附上文字

附上文字，由此即可明确象形图所表达的含义。同时展示象形图和文字，就能提高信息传递的准确度。

也许有人会说，“如果附上文字的话，那还要象形图做什么啊”，但事实并非如此。

反复或是持续看到某一种图案，人们自然就会学习该图案所代表的含义。

当多次看到同一种图案时，人们就会明白“原来这个图案是这个意思啊”，然后下次只要看到这个图案，就会联想到它的含义。

比如，请再一次回想洗手间的图标，只是一男一女并排站立的图案而已。

图上根本没有任何直接表示“洗手间”的要素，但无论是你还是你的家人、朋友，以及包括我在内的大多数人之所以能立刻联想到洗手间，是因为一直以来通过反复看到同一个图案，我们学习到了它的含义就是洗手间。

国旗的图案也是同样的。之前并不熟悉的国旗，就算没有额外的解释说明，只要多看几次，就能说出那是哪个国家的国旗。在看国际运动赛事的转播时有过类似经历的人应该不在少数吧。

给象形图附上相应的文字，对方就能在无意识中学习并准确理解信息的含义。无论对方是否熟悉这个象形图，都能有效地接收其中的信息。还有一点，希望大家能够铭记于心。

即，**阅读资料时，人们往往从视觉化形象开始看起。**

同时呈现象形图与文字，即可加深理解

“直观地”传递信息的技巧

请看下一页的**图 8**。

这是一个意图借助象形图引起使用者注意的例子。这张图是我仿照印刷在某个电子产品外包装上的信息制作的。

图中有好几种语言，但是你真的理解其中的含义吗？

三角形的象形图好像在警示某种危险因素，但具体代表什么意思呢？如果懂得其中的某一种语言，或许能够理解其中的含义，可是如果语言不通的话，岂不是束手无策了？

正如图 8 所示，虽说在象形图上附加一定的文字说明能够促进信息的有效传递，但现实的问题是，倘若象形图过于依赖文字，同样也无法充分发挥其原有的功能。

如果是一种对方并不熟悉的语言文字，那么即使附在象形图上，也是没有任何意义的。毕竟语言具有一定的不可翻译性。

图 8

警告
注意：置于婴幼儿接触不到的地方。
存在薄膜覆于口鼻，导致婴幼儿窒息死亡的风险。

WARNUNG
Von kleinen kindern fernhalten.
Der dünne Film kann sich auf Nase und Mund legen und die Atmung behindern.

AVERTISSEMENT
Les sacs plastiques pourraient être dangereux. Pour éviter tout risque de suffocation, tenir ce sac hors de portée des enfants en bas âge.

AVVERTENZA
I sacchetti di plastica potrebbero essere pericolosi. Tenere lontano della portata dei bambini per evitare pericolo di soffcamaento.

WARNING
Keep away from small children.
The thin film may cling to nose and mouth and prevent breathing.

使用电子产品的注意事项（改善前）

你能理解这张图中的内容吗？你能联想到什么呢？

那么，如果要对这张象形图做些改动又该如何呢？

请看**图 9**。

现在看起来如何？替换了刚才的象形图，你应该能够更加直观地理解其中的含义了吧。

至少“不能做什么”是一目了然的，使用者应该大致能理解“这是个婴幼儿不得触碰的东西”吧。无论对方的母语是什么，象形图都能打破语言障碍，实现信息的有效传递。

这里之所以使用英语的范例，是因为想让大家感受一下“让对方预测创作者想要传递什么样的信息”这一技术强烈的冲击力。

图 9

使用电子产品的注意事项（改善后）

这张图一目了然，对方能立刻理解“什么不能做”。图中的英文写道：“注意：置于婴幼儿接触不到的地方。存在薄膜覆于口鼻，导致婴幼儿窒息死亡的风险。”

展示信息的“主题”

任何一种信息都有主题，这是应该最先传递的核心信息。

可以看出，无论是**图 8** 还是**图 9**，它们的主题都是“禁止婴幼儿接触”。

诸如此类与生命息息相关的重要信息，比起理由，更关键的是要传递其主题，而**图 8** 却很难直观地表达出这一核心信息。

正因为**图 9** 的象形图与主题完美契合，所以才能直观地传递相应信息。

要想做到即时传递，关键在于采用能够直观表达信息主题的图案。

尤其是在要引起对方注意时，这种方法往往会发挥重大作用。比如，说明文的绪论、话题的转折点、对重要项目的说明介绍等。

直观地传达信息，能轻易地让接收者对创作者的说明产生兴趣，能够积极地促进接收者的理解。

如果不依赖于文字，还能让对方理解大致的信息，那么就能有效地提高读者的理解度。

这一点，无论是外语还是母语，都是共通的。

图表功能 1　总结

“一目了然的图表”在这种时候会派上用场

- 正式说明介绍前的铺垫、序言
- 话题的转折点
- 介绍重要项目时

“一目了然的图表”的制作窍门

- 采用对方熟悉的视觉化形象
- 给视觉化形象附上文字
- 采用与信息的主题相契合的视觉化形象，拉近与读者的距离

图表功能 2

拉近与读者的距离

让读者体会到“亲和力”是非常重要的

听到“拉近与读者的距离”，你会联想到什么呢？

可能脑海中浮现了一些或可爱或有趣的形象，却又无法用语言准确形容吧。

那么，在进入正题之前，我们先来试着思考一下与其正相反的曲高和寡、不好接近的资料是什么样的吧。这次你的脑海中又浮现了什么样的形象呢？不好接近、最好不要与自己扯上关系、想尽可能避开的氛围究竟是什么样的呢？

你有没有过那种，看了一眼行政资料或册子，就不想再看第二眼，想立马扔在一边的体验？

厚重的条款资料、详细罗列的数据表、密密麻麻写满了小字的PDF、塞满了各种信息的演讲稿……令人郁闷的是，无论是在职场中，还是在日常生活中，类似的资料多如牛毛。

拒绝被阅读的资料

请大家先看一看下一页的**图 10**。

不知大家看到这种资料会作何感想。这是一份非常典型的拒绝被阅读的资料。当然，这并非创作者的初衷。

但是，如果做资料的时候不多加思考，往往就是这种结果。

如果是你，会向创作者提出什么样的改进建议呢？

图 10

关于订购与支付方法的说明

可通过本公司的商品名录或登录官网订购产品。请仔细核对订购的商品及数量再提交订单。大量订购会提供团购优惠价格。

关于商品寄送，有 2 种方式。我们将按照您的需求，办理相应手续。如有疑问，可通过邮件、电话、视频电话等方式随时与我们沟通。

当您提交订单后，我们将通过邮件告知订单信息。请务必确认邮件内容。待收到您支付的货款后，我们将在 3 个工作日内按照您指定的配送方式发货。配送送达时效可能会因运输情况有所变化。费用可参考附件中的运费表。

如需咨询商品价格及运费等相关信息，可通过以下方式联系我们。

电话：1234（5678）9012
邮箱：info@example.com
网址：http://www.example.com
营业时间：周一至周六 10:00～15:00

您可通过 ABC 转账、CDE 转账系统、EFG 银行账户及各类信用卡支付货款。如有疑问，欢迎来电咨询。

全是文字的资料

对读者来说，满是文字的信息往往难以理解。

什么是曲高和寡的信息

当感到“这份资料我可能理解不了”或“这和我没关系”时，我们往往会丧失理解事物的欲望。

大多数情况下，这都是由一瞬间极其细微的情感变化引起的，用逻辑思维无法解释，是情绪的问题。

我们生活的世界已是信息过剩，充满了各种让人产生舒适感的信息和需要快速浏览的信息，因此，那些曲高和寡的信息就会被推后处理，有时甚至会被遗忘。

我们先来思考一下在什么样的情况下会产生消极情绪吧。

曲高和寡的信息，大多具备以下特征。

曲高和寡的信息的特征

- 看起来复杂难懂，需要花费大量时间才能理解
- 看起来无法理解
- 让人产生疏远感和厌恶感
- 读者阅读是一种义务
- 信息量过大

在文字与图表之间，优先选择图表

那么要想控制这种消极情绪，我们又能做些什么呢？第一步，先以消除这种曲高和寡的氛围为切入点思考吧，这里有一个极其恰当的方法。

以图表为中心，而不是以文字为中心。

并不只是简单地加几张图表就可以了，而是围绕图表进行解释说明。所谓“以图表为中心”，就是要颠覆一直以来如常识般印在我们脑海中的“主次关系”。比起文章，优先呈现图表，由此即可缓解对方的

心理障碍。

我们来对比一下长篇大论的文章和以图表为中心的信息，给人的印象有多么大的差别吧。请看下一页**图 11**，是按照以图表为中心的原则，对第 48 页**图 10** 进行改善后的图表，你应该能体会到，原本曲高和寡的信息变得通俗易懂了许多。

信息的种类各不相同，有时读者出于义务必须阅读、理解，比如行政手续或伴随着责任的信息。这种情况下，读者的心理负担尤其大。所以，要求读者履行义务或是做出决断的信息，在呈现方式上必须花心思，避免对方不想看或漏看。

亲和≠可爱、欢乐

做图时，有一点需要特别留意。

即，**传递信息时的“口吻”。**

我们要时刻牢记营造一种完整且真诚的氛围，因为这种氛围会极大地影响读者的情绪。

过度可爱的元素或不合时宜的欢乐，往往容易让人产生不信任感，会让人觉得资料制作者“在开玩笑”“把我当傻子”等，多数情况下这些情绪都是由一些极其琐碎的事物引发的。我想，这也是你在生活中与他人交流时最需要注意的部分。

亲和力是指“使人亲近、愿意接触”，并不完全等同于“可爱、欢乐的氛围”。

因为可爱、欢乐，并不是每次都会让对方觉得惬意、舒服。

图 11

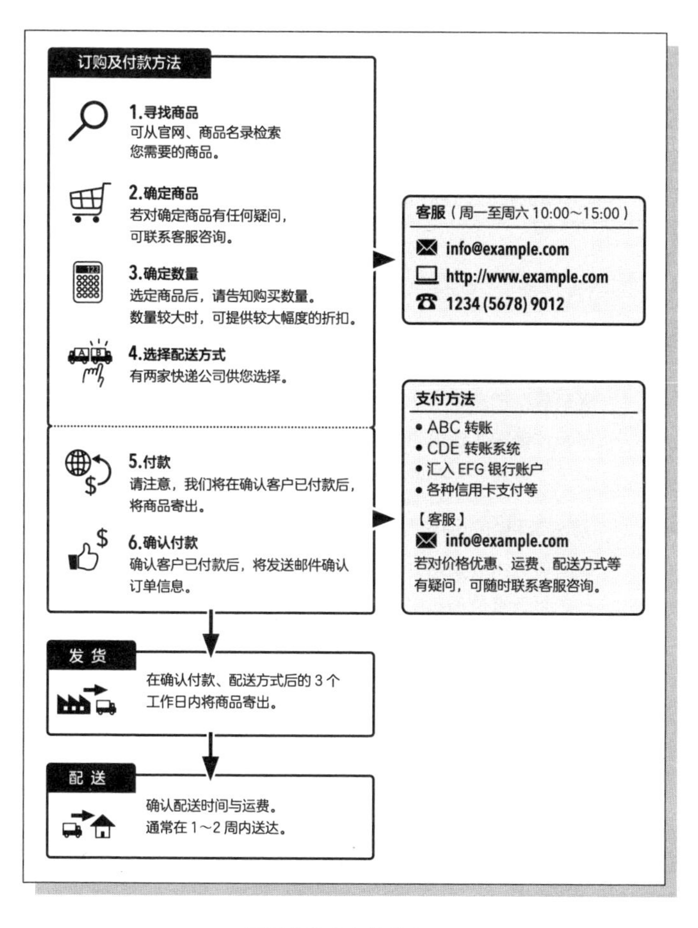

以图表为中心的信息

即便是复杂的内容，只要以图表为中心呈现，就能变得通俗易懂。

该以什么样的口吻去传递信息的主题呢……当你开始犹豫时，就停下来思考一下吧，是不是采用了过多可爱、欢乐的要素呢？

这种情况下，只要专注于传递你心中完整且真诚的情绪就足够了。

这也是我为了缓解心理障碍，时常放在内心深处的重要理念。

“保持亲和力”的原则，在消除心理抵触上会发挥极大的作用。

始终牢记，以文字形式呈现时显得艰涩难懂的内容，要及时调整文字和图表的角色，以图表为中心展开说明介绍。

图表功能 2 总结

“拥有亲和力的图表”在这种时候会派上用场

· 展示复杂信息时

· 展示体量较大的信息时

· 要求读者履行义务和做出决断时

“拥有亲和力的图表”的制作窍门

· 以图表为中心说明介绍，而不是以文字为中心

· 在完整且真诚的氛围下传递信息的主题

· 不被可爱、欢乐的氛围牵着鼻子走

图表功能 3

消除不安

如何才能让对方“预测未来”

无论多么富有，人都会感到不安，无一例外。

那么，不安究竟是在什么情况下产生的呢？

大多数情况下，都是因身处“无法预测未来”的现实而产生的。

无法预测未来催生不安，我想你应该也对此深有体会吧。当陷入人生的迷宫时，最渴望的或许就是**通往出口的路**了吧。

图表亦是如此。在阅读资料时，很多人感受到的“轻微的压力”以及“些许不安”，大多数情况下都是创作者的说明方法无法让对方预测后续的发展导致的。

无法预测未来?

也就是说，只要你的说明介绍能够让读者预测到后续发展就可以了。

呈现整体、局部、后续发展

大家可以试着回想一下乘电车时的场景。

踏上电车之前，你肯定会确认这趟车是开往哪里的，也知道自己应该从哪一站下车，还会时不时确认电车行驶到哪一站了。

人之所以能够放心地乘坐电车，正是因为可以不断地获得这些信息，同时自己也能进行一定的确认。有关铁路的整体、局部以及后续发展等信息有效地消除了你内心的不安。

如果你对这一切都一无所知的话，势必手足无措、无所适从，也许会立马从这趟电车上下来。铁路事故发生时的不安与焦躁，大部分都是因无法预测未来而产生的。

信息的传递亦是如此，如果能用一张地图一目了然地将对方当前身处什么位置以及接下来信息会如何发展呈现出来，那么就能在某种程度上缓解对方的不安情绪，消除不信任感。

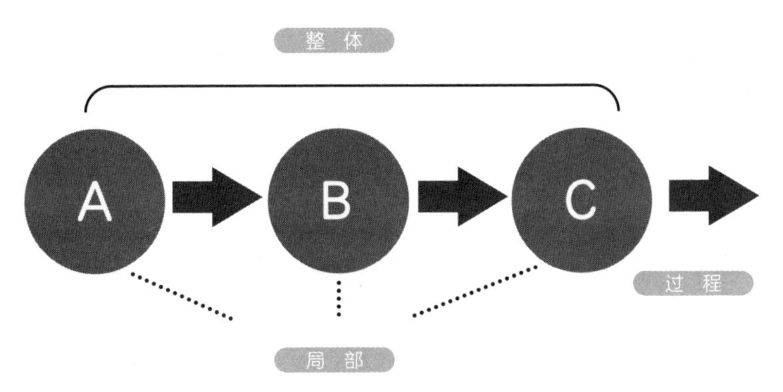

呈现整体、局部及后续发展，可以缓解对方的不安

不做让对方有压力的资料

请看下一页中的**图 12**。这是某个国家办理居留许可延期手续的说明材料。

为方便大家阅读，我把它翻译成了中文，还对内容做了些微调，但并未改变其整体印象。

图 12

居留许可延期申办须知

感谢您申办我国居留许可延期手续。根据规定，居留许可延期申请人须留存本人指纹信息，现就指纹采集手续做如下通知。

采集方法

请您尽快完成指纹采集工作。您须在 2017 年 10 月 31 日前完成指纹采集，否则将影响您办理居留许可延期手续，故请在规定时间内尽快完成。您可前往任一邮局采集指纹。前往时请携带印有申请号码、姓名、出生年月日的申请表原件（若本信函中您的个人信息有误，请立即联系管理局）及本人 ID 卡。请注意，若未提交申请表将无法留存指纹。另外，申办需缴纳手续费 $25.00，请在邮局前台及时缴纳。

待管理局对您留存的指纹信息确认完毕后，将以书面形式联系您。如有任何疑问，可通过以下方式咨询。

咨询处
管理局 居留许可签证延期申办负责人
[电话] 123（456）7890

无法预测后续发展的资料

哪个手续什么时候能办结，模糊不清且无法预测，
因此会让对方产生厌恶感和不安的情绪。

假设有一天，你突然收到了这样一封信。

而你又必须办这个手续。

说实话，对于每天都很忙碌的人来说，这种信件就是个“麻烦”。

密密麻麻写满了文字的资料摆在眼前，厌恶感和不安油然而生，心想接下来的手续该有多麻烦啊……

即使通读整份资料，也搞不明白究竟什么时候能办完哪个手续，因为资料里根本没写清楚。资料里只写了如何办理眼下你必须立马完成的手续，而发布这份文件的机构对你的不安一无所知。

制作这份资料的人，只关注到了申请人需要按照指示完成手续，对除此之外的其他事情毫不在意。

而你却要卷入不知何时才能彻底办结的烦琐手续中，心中满是怒火，又很不踏实……

但问题是，每个收到这份信件的人当真都能按照提示完成手续吗？

大家可以试着思考一下，倘若你是这份资料的创作者，你又会做些什么呢？

只要能看清前进的“道路”，心里就踏实了

那么请看下一页中的**图 13**。

这是刚才介绍的**图 12** 的改善作品。

内容完全相同，却在一张图表中做到了同时呈现整体、局部和后续发展。

图 13

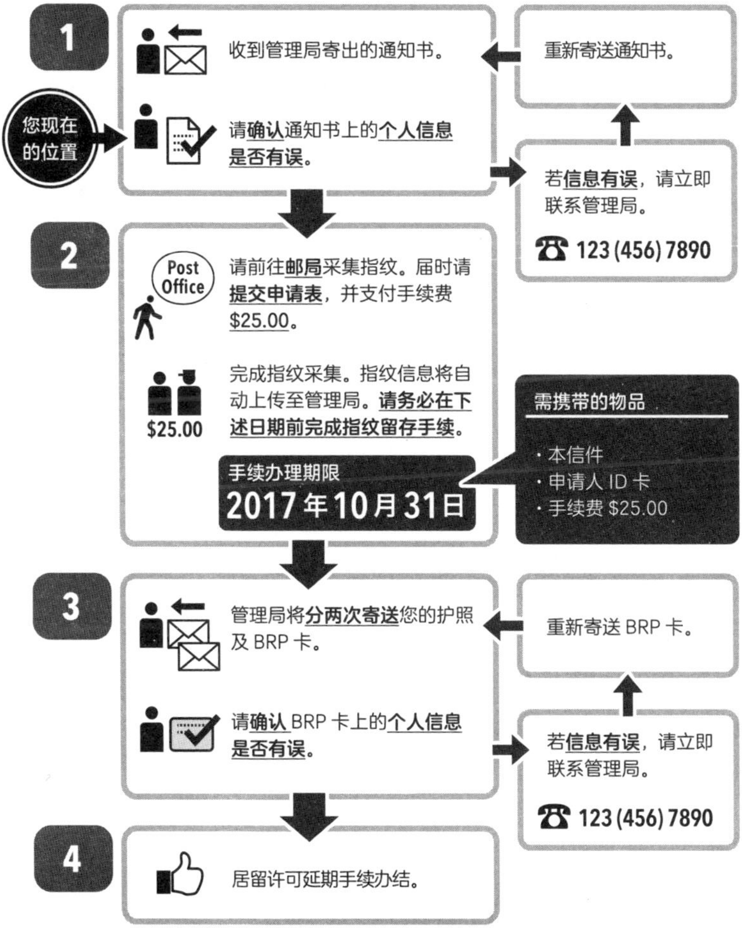

1

收到管理局寄出的通知书。

重新寄送通知书。

您现在的位置

请**确认**通知书上的**个人信息是否有误**。

若**信息有误**，请立即联系管理局。

☎ 123 (456) 7890

2

Post Office

请前往**邮局**采集指纹。届时请**提交申请表**，并支付手续费 $25.00。

$25.00

完成指纹采集。指纹信息将自动上传至管理局。**请务必在下述日期前完成指纹留存手续**。

手续办理期限
2017 年 10 月 31 日

需携带的物品

· 本信件
· 申请人 ID 卡
· 手续费 $25.00

3

管理局将**分两次寄送**您的护照及 BRP 卡。

重新寄送 BRP 卡。

请**确认** BRP 卡上的**个人信息是否有误**。

若**信息有误**，请立即联系管理局。

☎ 123 (456) 7890

4

居留许可延期手续办结。

展示手续全过程的图表资料

既能看清现在处于哪一阶段，也能明白接下来还有哪些手续。
由此即可让读者获得踏实感。

这张图上不仅注明了收到这份信件的人目前处于哪个阶段，还告知了收件人接下来需要做些什么。

有了这份资料就能明白手续整体是什么样的流程，如何才能办结。

如果收到这样一份通俗易懂的资料，读者或许就能感到安心了吧。

虽然示例中提到的法律手续既枯燥又刻板，但是**图 13** 就能帮助申请人建立对整个手续的具象认识，让他在脑海中描绘出办结手续所需的整个流程。

就如同先前那个电车的例子一样，既能使对方免于无用的不安，也能有效减少人们行动的阻碍。

那么，接下来我们尝试从技术层面思考一下“展示前进道路的图表”吧。

巧用“step by step”技法

大家是否了解过“step by step”一词呢？

即，每个阶段都分步骤进行说明。在众多图表制作技巧中，这是极其重要的方法之一。

在介绍步骤或手续办理方法时，step by step 图表将发挥重大作用。

像**图 13** 那种基于流程介绍的资料就是典型的 step by step 图表。想必平时你在各种场合都见过类似的图示。

但是，这个技法在使用时有一个注意事项往往会被大家遗忘。

请将下面的内容铭记于心。

准备足够多的步骤

有时从某一步过渡到下一步时，缺乏足够的说明介绍会让对方感到混乱。

比如，本来第 3 步和第 4 步之间还需要再有一步，资料制作者却将其省略掉了。

这就会导致读者跟不上节奏，最终无法理解相应的信息。

你应该也有过在看组装图时，疑惑“咦？这中间应该怎么弄”的经历吧。

这种问题发生的频率并不低。因为介绍说明的一方熟知该商品或服务的相关信息，让他们设身处地站在第一次接触这个商品的消费者的角度去思考绝非易事。

为了避免这种问题的发生，就要时刻谨记准备足够多的步骤。

准备让你怀疑说明介绍是否过于烦琐的步骤，才是条理清晰地传递信息的捷径。

请务必将这一点牢记于心。

举例来说，假设你现在要启动某个项目，那么就要思考你的说明介绍是否还有改进的空间，可以缓解对方的不安情绪。

可以从这个角度反思。

无论是什么样的信息，只要呈现整体、局部、后续发展，就能让对方获得极大的踏实感。如果能让对方放心，那么你接下来的行动也会更顺利。

总而言之，呈现事物的后续发展是第一要务。

如此一来，就能让对方的情绪有明显转变。

请务必将这一方法应用到你的工作中。

关键在于一步一个台阶，依次介绍说明

图表功能 3 总结

“消除不安的图表”在这种时候会派上用场

- 介绍步骤或某个手续的办理方法时
- 需要按顺序说明体量较大的信息时

“消除不安的图表”的制作窍门

- 呈现整体、局部、后续发展三部分内容
- 活用“step by step”技法
- 通过足够多的步骤来传递信息

图表功能 4

让读者认真对待

你在做出决定时，往往都会与某事物作对比，由此来确认其妥当性，越是理性的人，这种思维倾向会越发强烈。

有时会从多个角度彻底对比周围的数据，有时也会根据个人感觉，大胆思考，果断决策。

根据当下自身的状况以及获得的信息，判断标准会有所变化，有时在他人看来甚至会有些不合理。

无论是消费者在超市挑选蛋黄酱，还是企业做投资大型设备的决策，原理基本是相通的。

不管哪种情况，都是在某个“标准”下对比信息，力求做出不会让自己后悔的决定。

判断的“标准”是什么

想象你现在在超市挑选蛋黄酱。

如果以是否含有不健康的成分作为判断标准的话，那你肯定会仔细确认包装袋上的成分表。也许你不在意成分，只想购买有小袋分装的便携式包装产品。甚至你也可以以价格为标准，哪个便宜买哪个。

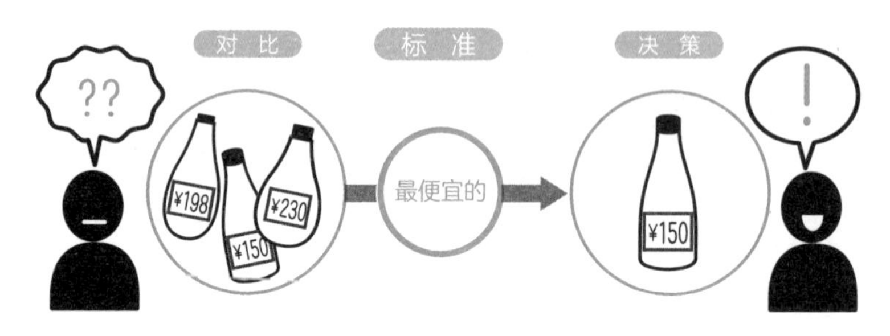

在某个标准下对比、决策

企业经营者在做出建设工厂的决策时，必然会思考即将投产的工业产品在市场上是否有足够的发展前景，但是，有时也会有其他的意图交织在其中。大多数情况下，这种决策都是在与某个事物进行对比，基于某个指标而做出的。

正因如此，所有人都会为了获得判断问题的标准而不断探寻新的信息。有时也是为了确认自己的决定是否正确而探寻。但讽刺的是，现代社会已进入信息爆炸的时代。

在信息化浪潮的今天，大众被信息海洋所裹挟。我们总是向往拥有大量信息，但事实上却并未完全将所有信息物尽其用，原因就在于我们来不及整理相应的信息。

不能以期望的形式管理期望的信息，在需要的时候追溯、回顾也会变得困难许多。

如此一来，就会丢失可靠的依据，导致无法做出“判断”。

信息过剩，陷入无法判断的窘境

制作能够消除疑惑的图表

那么，身处当下信息爆炸的时代，我们需要具备什么样的技能呢？如果非要说一个的话，那就是制作“容易判断的图表”的技能。

换句话说，就是将对方做出判断所需要的标准以通俗易懂的方式呈现的技能。

这一节的标题“让读者认真对待（信息）”，意思是说你要干预对方的决策。为了实现这一目标，就必须将能够影响读者决策和判断的内容、线索体现在你的图表中。

因为不管怎么说，最先映入读者眼帘的就是图表。

对判断毫无用处的内容

能够帮助读者做判断的材料是什么样的呢？

比如，展示“对比材料”是说服某人时常会用到的手段。在读者需要做出判断时，“比起 A，B 更便宜”“比起 C，D 更紧凑”等对比信息都会派上用场。

众所周知，诸如此类的对比信息在决策时拥有强大的影响力。但事实上，日常生活中我们看到的资料和说明材料，却充满了对判断毫无用处、含混不清的信息。

举例来说，就像下面这些内容。

- 过于复杂无法对比，无法作为指标加以运用
- 逐一阅读很麻烦
- 指标被夸大，被有意曲解

如果不能以容易理解、可简单对比的形式呈现的话，对比信息也就丧失了它存在的意义。

倘若在读者理解之前只顾将信息抛出，那么这份资料将毫无价值。

被“寄予厚望”的对比资料上满是不常见的词语和陌生的数字单位，这种资料一般会引起大多数人的强烈抵触。

抑或是除了大量的数字之外别无他物的补充资料，想必当你看到的时候也只会草草地瞥一眼吧。现实就是如此，几乎不会有人会仔细看这些资料。

制作使读者成为“主人公”的资料

请看**图 14**，这是非常常见的营养成分表。在超市看到这些数字，会帮助你做出什么判断？能想象这些数字会对你的身体产生什么样的影响吗？

事实上大多数人都不理解，原因在于他们并不明白判断的标准。

每天应该摄入多少？摄入这些东西会不会对身体有副作用？如果没有这些标准，表格中的数字也就没有任何意义。

这时就轮到“让信息容易判断的图表”的制作技能闪亮登场了。

请看**图 15**，这是国外超市罐头食品上的营养成分表。

图 14

营养成分表（每 7.6g 营养素参考值）

能量	3.8kcal
蛋白质	0.5g
脂肪	1.7g
碳水化合物	5.2g
钠	14mg
食盐含量	0.04g

常见的营养成分表

由于表格中注明的并不只是单纯的数字，消费者就能明白这些数字“对于自己来说，究竟意味着什么”。

也就是说，这些数字“与自己相关”。

举例来说，大家看到这张表应该就能将其作为衡量碳水化合物的标准运用起来了吧。

图 15

每食用一份，摄取的营养价值

能量	脂肪	饱和脂肪	碳水化合物	钠
152KJ 362kcal	6.9g	3.1g	4.6g	1.55g
18%	10%	16%	5%	26%

根据每一天的标准摄入量计算得出

能够理解数值含义的营养成分表将成为消费者购买时的判断标准

当然，有的领域受法律等因素的限制，无法随意改变呈现方式。但是，如果你的图表还可以做出类似调整，那么极有可能会对读者的决策产生巨大影响。

如此一来，读者就能将这些信息视为“自己的东西”，成为信息的“主人公”，主动接纳，给予理解和肯定。

产生不信任感的图表

另一方面，我们也曾目睹过滥用“主人公”效果、有意曲解数据信息的图表。

请看**图 16**。最右边的柱形图的刻度与左边两张图有所区别（A 公司、B 公司的刻度间隔都是 50，而 C 公司却是 25）。

好像为了让原本较小的数值看起来大一些而有意为之，但你应该一眼就识破了这个小伎俩吧。

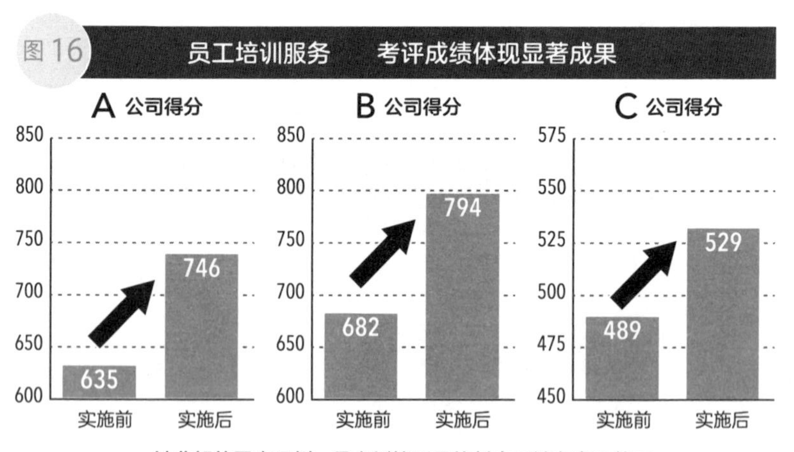

被曲解的图表示例。最右侧柱形图的刻度尺被有意调整了

虽然不能称之为数据造假，但总有种被欺骗的感觉。

想必在发现数据被有意歪曲之后，没有哪一位读者会觉得心情舒畅吧，准确来说，应该只会体会到被欺骗了。

如果企业或组织公开发布类似的图表，你会作何评价呢？

应该没有人会对“说服他人时，需要呈现对比材料”这一理论持反对意见。

但是，倘若无法在公平公正的前提下，以容易比较的方式呈现的话，那么这些材料将丧失其存在的意义。

如果你也能呈现这种信息，那么同样能够让读者主动接纳。

或许有些过于啰唆了，但还是请你一定不能忘记：最先进入读者视线的是视觉化形象。正因如此，图表才能成为那把最关键的钥匙。

这是能使你干预读者判断的核心要点。

图表功能 4　总结

“让读者认真对待的图表”在这种时候会派上用场

- 想要能够简单对比时
- 事物的判断标准模糊不清时
- 想影响读者的判断时

“让读者认真对待的图表”的制作窍门

- 放入能够让读者成为“主人公”的信息
- 不有意歪曲数据
- 不过度使用晦涩难懂的词汇和数字单位

图表的功能 5

避免误解和失误

有时正当我们进行诚恳仔细的说明解释，感觉心里踏实一些的时候，对方却出现了意想不到的反应，让我们不知所措。这种情况并不少见。

误解和错觉会引发各种各样的事件。

“刚才不是说得很清楚了嘛，而且纸上也写得明明白白……”

他们怎么连这么简单的东西都理解不了呢？根本没仔细听我的说明，也不认真看手头的资料。

虽然你可能不会把这些话说出口，但一定体会过内心火冒三丈的感觉吧。那么，类似的问题究竟有没有解决之策呢？

我们试着思考一下出现这种问题的原因究竟是什么。简单列举一下阻碍对方准确理解信息的因素，如下表所示。

阻碍理解的主要原因

误解	并未察觉到自己的理解是错误的
遗漏	只理解了部分内容
不关心	嫌麻烦。没有想要理解内容的意愿，有厌恶感，所以选择无视
拖延	眼下没有时间，想往后拖延，抑或是敷衍了事。如果不主动干预就会演变为“不关心”
混乱	感觉自己不具备理解的能力。被大量的信息所压抑，感到恐惧和焦躁。不主动干预就会演变为“拖延”“不关心”

遗憾的是，我们很难将这些问题根除。读者的性格、个人素质以及所处的境况等要应对的因素数不胜数，我们无法面面俱到。

但是，在感叹“最终还是取决于对方啊……”之前，在真正放弃之前，我们还是要想尽一切办法尽可能让对方理解。

上述问题的应对之策有以下两点。

- 以“只凭一次说明无法实现准确理解”为前提
- 留有相应的线索，确保可以进行二次确认

“只说明一次”无法实现准确理解也在情理之中

信息“接收方”和“发送方”之间最大的问题是，在关于这一信息的相关知识储备上存在差异。

信息的发送方已经花费了大量时间去理解这一信息，甚至与信息之间已经形成了一种默契。反观信息的接收方，大多数情况下他们是第一次接触这个信息。

始终要记得，“信息接收方与发送方，两者从一开始在知识量的多少上就存在压倒性的差异”。

只说明一次，对方无法理解是很常见的，很快就被遗忘自然也是情理之中。以此为前提，把“只说明一次对方是无法准确理解的”当作进一步学习的机会，思考一些让对方即使遗忘也能回想起来的机制，这是极为关键的。

准备相应的线索，确保可以二次确认

“咦？这个是什么意思来着？”遗忘了内容和要点的读者，会选择借助资料和文字回忆相应的内容。

这个时候，“能否快速找到答案”就成了制胜的关键。如果能留有某些记忆线索，读者就能很容易地找到想要的东西。

如果能事先以文字、插图、图表、照片等多种形式将信息分散在各个角落，那么文字化的抽象记忆就能与具体的视觉化形象产生连锁反应，促使对方迅速回想起相应的信息。

图表等视觉化形象，能够有效帮助读者回忆起相应的信息。

接下来，我会讲述具体运用时的注意事项和应对之策。先介绍三个立马就能实践的方法吧。

避免误解和失误的技巧

1. 抛弃“重要部分＝红字”的观念
2. 始终牢记“2 个具体示例就足够了”
3. 同一个信息要反复传递

1. 抛弃“重要部分＝红字”的观念

如果要突出资料的重要部分，你一般会怎么做呢？

有这样一种常规的说法：“把相应的文字标红就会变得显眼。”

但是，从今天开始，请彻底抛弃这个观念。

因为如果将重要部分标红，反倒会变得更不显眼。

这是亮度问题造成的。亮度，是衡量颜色敏感度的色彩学标准。越明亮的颜色，在人的肉眼中看起来会越淡。

白色的亮度最高，黑色最低。从数值来看，红色的亮度要高于黑色，也就意味着在人的肉眼中看起来更淡、更弱。

这个道理，看看黑白打印的稿件就很容易理解了，使用了红色的部分看起来颜色会淡一些。

众所周知，对色彩的认识因人而异。有数据表明，约 5% 的男性只能认知较小范围的一部分颜色，也就是说 20 个人中就有一个人是这样。举例来说，有人是红绿色弱，在他们眼里，红色和绿色是同一种颜色，所以比起色彩，他们更倾向借助亮度把握空间。这种情况下，把文字标红几乎没有任何意义。

因为根本不会起到强调重要部分的作用，只是看起来颜色稍淡一些而已。

如此一来，就背离了创作者的初衷。

再比如，原本做资料的时候是彩色，结果给听众分发的却是黑白复印版。毕竟我们无法保证资料一定会以彩印版分发出去，交到别人手里。一旦对方拿到的是黑白版，那么原本想要强调的部分也就不再显眼。

倘若因此造成信息遗漏的概率增加，那么辛辛苦苦付出的努力就会化为泡影。

在设计领域，色彩的确会起到至关重要的作用，但如果想要突出

重要部分，那就不能过于依赖色彩，否则极有可能适得其反。那么，就没有什么好办法来强调重要部分了吗？

其实，有一个非常简单的办法。

不将文字标红就可以了。

也许有人会认为，这样做岂不是没有实现对文字部分的强调吗？

请大家放心。只要以做黑白色的资料为出发点思考就可以了。其实有很多方法可以起到强调文字的作用，比如下面这些。

这些方法，不需要使用其他颜色，就能切实有效地达到目的。建

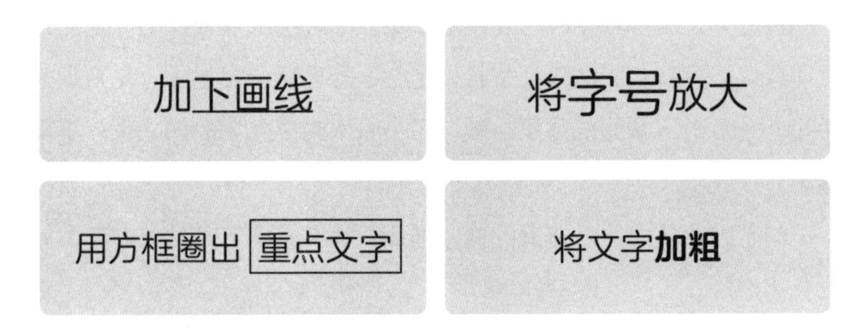

不使用颜色就能强调文字的方法

议大家将多个方法组合起来使用，效果会成倍增强。

本书中也有很多对这些技巧的实践。眼尖的人或许已经察觉到了。为了强调书中的一部分内容，我采用的是加下画线和加粗的方法，而且会将字体由宋体改为黑体。

书籍等体量较大的文章，如果采用加方框或是放大字号的方法，会在无形中增加其他部分的阅读难度，下画线和粗体字在这方面的影响就相对小一些。

希望大家能够从资料的整体呈现效果出发，根据资料的特征采用合适的技巧。

2. 时刻牢记“2 个具体示例就足够了”

想必大家都体会到了，采用具体示例呈现信息的好处，无论是对接收方还是发送方，信息都变得通俗易懂了很多。

但是，在具体示例的选择上必须多加注意，尤其是技巧、使用方法、培训等以“教授”为目的的领域，具体示例的选择会极大地影响对方的理解。那么，究竟应该以什么样的视角选择呢？

一般来说，具体示例分两种。

比如：正确的示例和错误的示例。

有时也可以是：好的示例和不好的示例。

无论哪一种，都能向对方传递清楚“这个是正确的方法”“这个是错误的方法”。那么在日常编制资料的过程中，你一般会选择哪种示例呢？

可能的话，希望你能同时呈现这两种示例。

有了两个截然相反的示例，信息传递就会变得更简单明快。

同时告知什么是错误的，什么是正确的，对方会更容易理解。

图 17 就是同时呈现两种示例的范例。可能看起来信息有所重复，也许有人会觉得这种呈现方式没有意义，实际并非如此。

正如范例所示，将错误和正确的示范并排呈现，读者就能更加准确地理解信息。

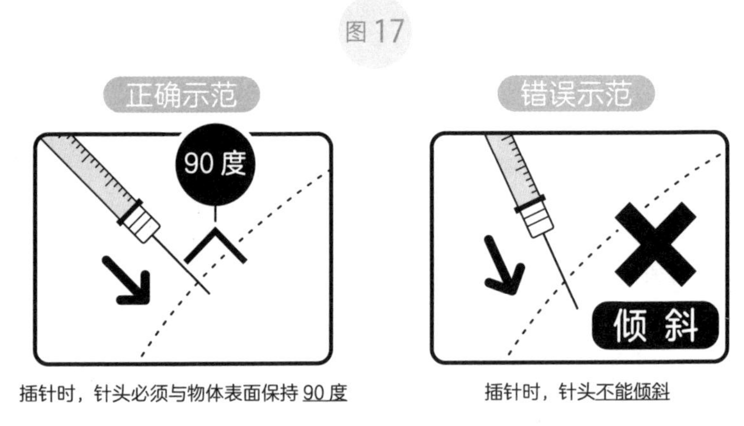

同时呈现两种示例，明确不同点，降低理解难度

除了以上范例，分别呈现失败案例和改善示例也是一个不错的方法。

以对比案例的形式呈现，在对比中加深读者对信息的理解。通过具体呈现两个案例的不同点，就能高效地提高对方的理解度。

本书的 Chapter 4 就是以对比图表的失败案例和改善示例的方式来介绍图表制作的技巧，可供大家参考。

3. 同一个信息要反复传递

变换方式，反复传递同一个信息也非常重要。

通过总结、图表、插图、文章等多种形式，采用各种不同的方法，反复呈现重要信息。

如此一来，就能让对方产生牢固且正确的记忆。

看似在绕远路，但其实是最有效的捷径。

站在已经完全理解信息内容的创作者的角度来说，或许会担心这种做法是否妥当。

但是，还是建议大家反复强调。

因为不管到什么时候，接收方对信息的理解都不会像发送方所期待的那样透彻，尤其是为了消除开篇提到的误会和遗漏等，反复呈现就变得更加重要。

就像前面提到的那样，反复传递，还具备再次唤起已经遗忘的记忆的功能。

通过采用各种不同的方法，多次传递同一个信息，就能将信息深深地刻进对方的记忆中。

不知大家是否察觉到，本书中的重要信息也是反复呈现的，具体说来就是利用文章、标题、图表、总结等，以不同的形式一次又一次地传递同一个信息。

要想将信息留存在对方的记忆中，对某一个信息进行反复传递是极为重要的

如果本书的介绍让你体会到了这个方法的效果，那么请一定要运用到你的工作和生活中。

图表功能 5 总结

“避免误解和失误”的技能在这种时候会派上用场

· 对因误解和失误所引发的问题做到防患于未然
· 防止因黑白复印等导致期望传递的信息受到损害
· 能够再次唤起已经遗忘的记忆

“避免误解和失误”的窍门

· 抛弃“重要部分 = 红字”的观念
· 始终牢记“2 个具体示例就足够了”
· 同一个信息要反复传递

Chapter 3

[制图]

翻越“主题、呈现方式、收尾”三座大山

1 制作图表需要翻越的“三座大山”

翻越“主题、呈现方式、收尾”三座大山

无论是体量庞大的复杂图表，还是含义单一的简单图表，在制作的时候，都有三座大山需要翻越，Chapter 3 就主要围绕这三座大山展开。

三座大山，是指“主题”的山、“呈现方式”的山以及“收尾”的山。

将它们称作“大山”是有一定理由的。如果不做任何准备，盲目闯入的话，极有可能无法抵达期望的目的地，徒增迷惘和困惑。

在 Chapter 1 中，我曾介绍了制作图表的基本方针——一种名为“DTM”的思维方法，即 Discovery（发现）、Transforming（加工）、Making（完善）。不知大家还能立刻回忆起那一章节的内容吗？

对自己的记忆不太有把握的人，可以重新回到那一页（关于 DTM 的介绍从第 28 页开始），再阅读一次。

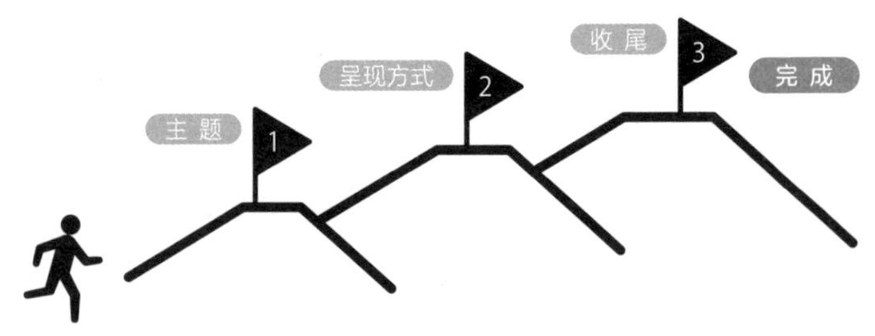

制作图表，有三座大山需要翻越

要翻越“主题、呈现方式、收尾”这三座大山，希望大家一定要灵活运用DTM思维方式。Chapter 3将会向大家指明各个阶段应该朝着什么方向努力。

它就像罗盘一样，不会让你在攀登图表这座大山时迷失方向。无论是在高耸入云的巨峰，还是在微微隆起的山丘，它都会为你指明前进的方向。

在Chapter 3中，我将按照主题、呈现方式、收尾的顺序，介绍如何把前几章提到的内容实际运用到图表制作中。

具体内容如下图所示，请大家参考。

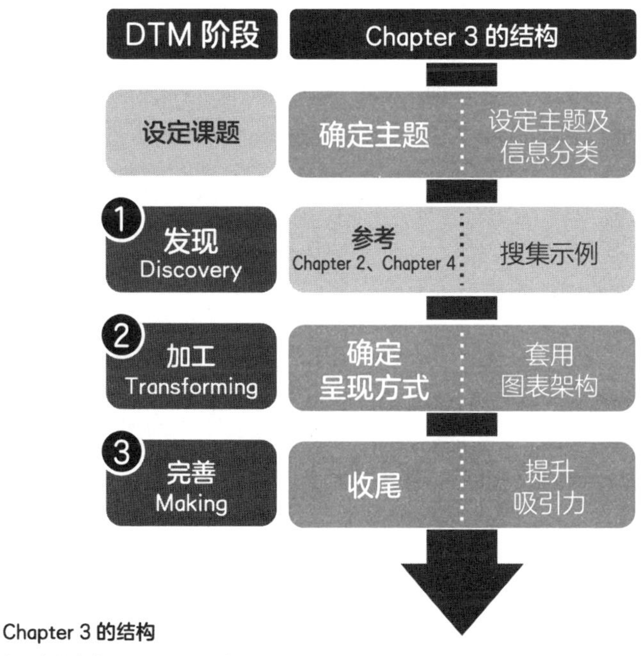

Chapter 3 的结构

在 Chapter 3 中，我将参考 DTM 思维方式依次介绍主题、呈现方法、收尾。

STEP 1 确定主题

同时进行主题设定和信息分类

分类会影响读者的理解和行为

你是一个勤于整理的人，还是对整理比较抵触呢？

办公桌、电脑，甚至是人的大脑，需要整理的区域极其广阔。也许有很多人憧憬极简主义，喜欢有条不紊，但理想很丰满，现实很骨感。

之所以在这里提起整理收纳的话题，是因为正如小标题写的那样，接下来讨论的主题是“分类”。所谓分类，是指从各式各样、种类繁多的集合中找到某个共同点或是标准，将属性一致、性质相近的事物归类，这也是我们在每次整理收纳的过程中下意识执行的操作。

但是，我想请那些并不擅长整理的人放心，我并不是要像“接下来要彻底整理书桌”一般，向你们发起猛烈攻势，不过是想借鉴一些整理收纳的思维方式而已。

即便不擅长整理收纳，依旧可以制作出漂亮的图表。

或许多少有些唐突，请大家想象一下将圆圆的橘子一分为二时的截面，水果刀切下的方向不同，截面形状应该也会有所区别。上下切和左右切所形成的“图画”是截然不同的。

尽管味道和成分完全相同，但是切法却会对食用产生一定的影响，不合理的切法，会让食品食用起来很不方便。

这与对一大堆信息进行分类所产生的结果是相同的。

分类方法不同，最终呈现的信息也会有所不同。

而这一点，恰好也会影响对方的行为，就像橘子有方便食用的切法一样，信息也有容易理解的切入点。

接下来，请大家试着想象一些稍微有些抽象的形象。

假设我们要将“数字”分为两大类，你会选择如何分类呢？

比如，可以分为偶数和奇数，除此之外，也许有人会分为质数和合数。

假设要将数字分成两大类

由此我们可以看出，衡量的标准不同，集合在同一个类别下的要素也会产生巨大的差别。这就是分类的妙处。在不同的分类方法下，即使是同样的信息，传递出的含义也会有所不同。

所以，关键在于找到适合你想要传递的信息的分类方法。

因为分类方法最终将左右读者的理解及行为。

未经整理的信息，不能称为信息

如果不进行分类，又会如何呢？对于信息的接收方来说，那些信息不过是些没有温度的文字和符号而已。

未经整理的信息没有任何价值。

举例来说，当英语辞典里的单词毫无秩序时会如何呢？想必这样的辞典使用起来会很不方便，甚至可以说无法使用吧。正是因为自始至终贯彻了按照字母顺序排列的规则，辞典才能发挥它应有的功能。

要想传递什么信息抑或是要赋予信息某种意义时，就必须按照某种方法对信息进行整理、分类。此外，要唤起对方的行动时，就要以信息的核心主题为中心传递信息。

如果不能合理且恰当地分类，主题的影响力就会被弱化

那么，副标题“同时进行主题设定和信息分类”具体应该如何操作呢？

“只有确定了主题，才能进行与主题相符的信息分类，不是吗？”这种想法也是成立的。当然，前提条件在于，主题是所有事物的出发点。但是，在制作图表时，希望大家能在设定主题的同时对信息进行分类。

原因在于，分类信息的过程中，可以梳理出之前未认识到的主题，而这又会对设定主题产生巨大的影响。

在图表中，主题与分类就像织锦上的横线和竖线一样，有着千丝万缕的关系。

我想，通过下面这个示例，应该能让大家具象地认识到主题与分类之间密不可分的关系。

美国加利福尼亚大学的图书馆信息学研究员鲍克（Geoffrey C. Bowker）与苏珊（Susan Leigh Star）在其著作《整理事物：分类及其后果》（*Sorting Things Out: Classification and Its Consequences*）中提到过这样一个话题。

> ……19 世纪，并不存在“虐待儿童”一词。这个词是在 20 世纪后才被创造出来的。也就是说，在这个词语出现之前，由于虐待儿童这一概念本身并不存在，所以即使事件发生，也不会作为虐待儿童案件被受理。但是，一旦出现了“虐待儿童”这个分类之后，相应的历史考证便拉开序幕，人们也逐渐开始理解出现虐待儿童这一问题的机制以及原因。

对信息进行分类的过程，隐藏着衍生新概念的可能性。在分类信息时，往往能找到可以再分出一组的共同点或是无法编入某一组的要素。

那或许是一个过去你从未想象过的类别，也可能是还未被当今社会所认知的全新要素，其中可能还隐藏着能够拯救众多人生命，或是带给社会一种全新影响力的可能性。

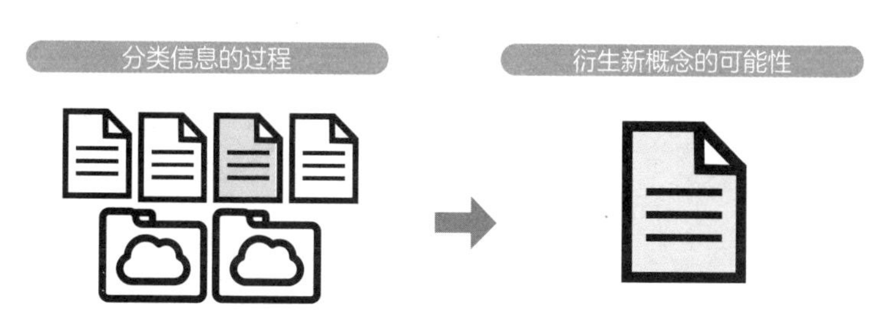

分类信息的过程中，隐藏着衍生新概念的可能性

分类信息的最佳时机

制作图表，就是从一大堆信息中提炼出主题，并通俗易懂地展示出来。要实现这个目的，就需要区分信息的优先级。但是，倘若从一开始就将全部精力集中在设定主题这一件事上，那么极有可能会遗漏那些对读者来说真正重要的信息。

就像下面这个示例。

请看**图 18**。

这是一张简单说明“什么是故乡税”的图表。

这一类的图表极其常见，但不知你在刚看到时，会不会有种“不够直观，理解起来有难度”的感觉呢？

事实上，这张图遗漏了一个对读者来说极为关键的视角。

你知道遗漏的是哪个视角吗？如果让你来修改这张图，你会从哪里入手呢？

图 18

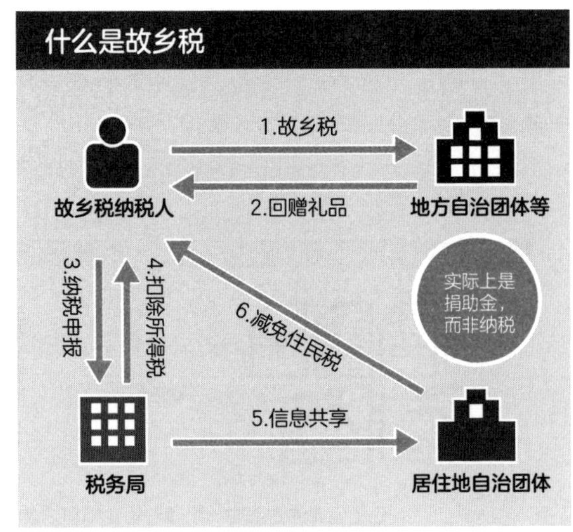

什么是故乡税

不够直观，理解起来有难度的典型示例。读者必须沿着每一条线去掌握细小的信息。

（本图仅为解释“故乡税”的示例。若需了解准确信息，请自行确认）

同时进行主题设定和信息分类

我们先来试着思考一下，这张图表是由哪些要素组成的呢？将图表分解后，才发现其中包含的要素竟然比我们想象中要多很多。

比如，“故乡税纳税人”“扣除所得税”“捐助金”等要素。

将这些要素重新组合，就能形成可清晰明了地传递主题的图表。

此时的关键点在于同时进行主题设定和信息分类。

如果只集中于设定主题，就会陷入“只说自己想说的”的误区。

反之，倘若只集中于信息分类，那么又会出现“没能传递出核心内容”的问题。

无法突出最终主题的信息分类，是没有任何意义的。事后才设定主题的话，核心信息的集中度就会减弱。

也许“同时进行”这四个字，容易让人觉得难度很大，但只要一边进行各种要素的微调，一边推进，就不会有任何问题。

分成三类即可有效提升“传达力”

那么，我们就开始进行信息分类吧。我们要对刚才分解成各种碎片的要素进行分类。分类时的具体思路可能千差万别，因人而异，但我认为一般可以分为三类。

即，**立场、作业内容及时间线。**

任何信息基本都能分为这三类。比如，回赠礼品就可以划分为作业内容，税务局就可以归类为立场。可能也会有个别要素无法归入这三个类别，遇到那种情况我们具体问题具体分析即可。关键在于，最终都要形成一种能够容易将焦点集中在主题上的状态。将要素分类汇总成一览表的话，大致就是下图这种感觉（**图 19**）。

图 19

信息要素分类的示例

时间线	立场	作业内容
1	● 故乡税纳税人……… ● 地方自治团体等……	● 捐助金 ● 回赠礼品
2	● 故乡税纳税人……… ● 税务局………………	● 捐助金的确定申报 ● 扣除所得税 ● 与居住地自治团体的信息共享
3	● 居住地自治团体……	● 减免住民税 ● 与税务局的信息共享
其他信息……	实际上是捐助金，而非纳税	

信息要素分类的示例

通过这样毫无遗漏地对要素进行分类，即可形成与信息主题密切相关的图表框架。

通过这样毫无遗漏地对要素进行分类、归拢，即可形成**图表的框架**，而这个框架与信息的主题是密不可分的。

对照图表就会发现，第 84 页**图 18** 中的“时间线”非常薄弱，不过是在箭头上标注了很小的数字而已，这种呈现方式成了让整张图看起来不那么清晰的原因之一。人们必须按照顺序一会儿看这儿，一会儿看那儿，对信息整体无法有一个正确的认识，整张图看起来非常混乱。

换句话说，由于事先没有从时间线的角度对信息进行梳理，最终才没能反映在**图 18** 中。图都做完了，为了呈现阅读顺序，急忙增加箭头上的序号，但几乎没起到任何效果。

Chapter 2 中已经介绍过了，大多数情况下，对于那些并不了解信息机制的人来说，能够一眼就看清“整体的流程”是极为关键的，因为这样可以轻易地消除他们心中的不安。

反观改善后的**图 20**，因为从一开始就对信息进行了大致的分类，在设计图表的过程中也紧密围绕着立场、作业内容、时间线这三个关键要素，所以就不会让同样的混乱再次上演。用一条粗线代表从读者的角度看到的时间线，办理手续的步骤一目了然。

图 20

什么是故乡税

注意：实际上是捐助金，而非纳税

故乡税纳税人

地方自治团体等

① 捐助金

回赠礼品

税务局

② 捐助金的确认申报

扣除所得税

信息共享

居住地自治团体

③ 无须办理任何手续

减免住民税

什么是故乡税（改善后）

对第 84 页图 18 进行改善后的图表。时间线清晰明了，整个流程变得一目了然。

（本图仅为解释“故乡税”的示例。若需了解准确信息，请自行确认）

设定主题

那么，与此同时我们也开始设定图表的主题吧。倘若这张图的读者是对缴纳故乡税不太了解的一般市民，那么我们只要聚焦在对他们来说最重要的信息上即可。

比如，“通过纳税可以获得哪些优待”，这种情况下，主题或许就可以定为“缴纳故乡税的利好”吧。

需要强调的是，主题不是唯一的，更不是绝对的，我们需要根据具体的情况来设定与之相契合的主题。

设定主题的核心在于选出“你必须传递的信息”。

假设，我们必须要传递的信息是“缴纳故乡税的注意事项”，那么就需要适当地调整呈现方式了。

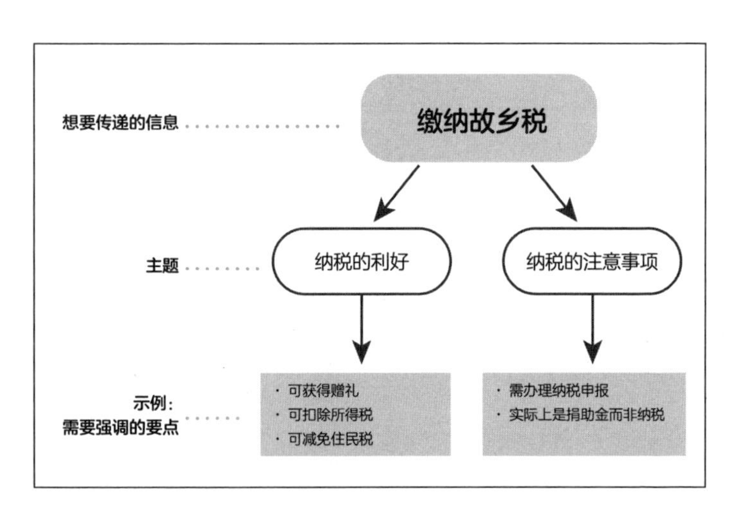

同样是展示“故乡税的含义”，但随着主题的变化，
需要呈现（强调）的要点也会有所不同

再次回到信息分类

这里我们假设图表的主题是“缴纳故乡税的利好”。

确定主题后，需要我们再次对信息进行分类。

要想强调“缴纳故乡税的利好”这一主题，当前的信息分类是否恰当呢……?

我们再次观察第 84 页的**图 18**，寻找一下利好吧，可以发现利好有赠礼、扣除所得税、减免住民税等。

这些利好恰好与按照立场分类的各个组织（地方自治团体等、税务局、居住地自治团体）所承担的作业内容一致，只要强调这些应该就能清晰明了地传递信息的主题。

这时，为了突出这些利好，我们可以选择将对应的文字放大，或者给粗箭头填充颜色，即**图 20**（第 87 页）中的重点。

具体的作业内容就这么简单，是任何人都能想到的极其常规的设计手法。

如何将要素体现在图表中

这里还有一点需要大家特别关注，即如何将要素体现在图表中，以及如何设定各个要素的形状。

在**图 20**（第 87 页）中，只有作业内容采用了彩色的横向箭头，而需要纳税人自行办理的手续采用的是细箭头，纳税人被动接受的行为采用的是粗箭头，整张图的图标都遵守了这一原则。

这是为了把“作业内容”与其他分类项目区别开来所下的功夫。

可以看出，“阐释同一类内容的图标保持一致”是让图表变得清晰易懂的诀窍。

与此同时，立场这一类别也严格遵守了这一原则。除了左边故乡税纳税人的标志，地方自治团体等、税务局、居住地自治团体这三者都被收录在同一形状的方框内。因为要保证对方看到这三者就知道他们属于同一类别，所以采用了同一形状的图标。

支撑主题的信息

大多数情况下，如果不对全部信息进行分类梳理，就无法准确把握其主题，一旦图表中遗漏了对方所需的信息，那么不管在什么时候，这张图都是无效的。

信息的主题，在“着重强调的信息”和“适当弱化的信息”的对比中更加鲜明。

主题大多是被其他信息所支撑的。不仅仅是设定主题，只有同时对信息进行分类，才能让图表的形式变得清晰。所以请大家一定要将借助主题和分类构建图表的这一过程铭记于心。

同时进行主题设定和信息分类，才能构建出具备有效传达力的图表

信息的分类方法只有 5 种

有时我们也许会遇到觉得很难对信息进行分类的情况。事实上，有一个小方法可以帮助你在遇到这种难题时减轻肩上的重担。

美国信息架构专家理查德·沃尔曼（Richard Saul Wurman）在其著作《信息焦虑》（*Information Anxiety*）中简明扼要地向我们阐释了信息的分类方法，书中写道，信息的分类方法只有 5 种。

沃尔曼在著作中提到的 5 种信息分类法

① 范畴
② 时间
③ 位置
④ 字母顺序
⑤ 层级

① 范畴

按类别划分。比如，商品或服务可以按照品种、模式进行分类，多用于并列展示重要度相当的多个事物。

② 时间

将与某个时间或某一段时间相关的信息按照时间线分类。比如，博物馆按照时间顺序陈列藏品，电视或广播的节目表，这些都是基于时间线展示的典型实例。

③ 位置

按照位置、地域划分。比如，可以标识人体的部位，或者划分地理区域等。多用于以位置为基准的对比或基于地图展示数据。

④ 字母顺序

按照字母顺序或五十音图顺序划分。多用于对大量信息进行分类，比如字典、电话簿、书籍末尾的索引等。

⑤ 层级

按照数量或数值分类。比如从大到小、从高价格到低价格、从非常重要到不重要等，可将对比量化。

创造新的价值

对事物进行分类时需要设定某种标准，但只要从沃尔曼提供的这5种方法中选择一种，就能实现对事物的分类。

如果对分类方法感到疑惑，那么就可以回顾这5种方法，静下心来思考最合适的方法。

除此之外，沃尔曼还提到，“改变分类方法展示事物，将成为创造全新价值的重要契机”。

他举了下面这个例子进行说明。

假设有200多只小狗玩偶，将它们摆在体育馆的空地上，且要分类摆放，都有哪些分类方法呢？

按照体型分类，以犬毛长短为标准划分，以价格高低为顺序摆放，按照受欢迎程度分类……

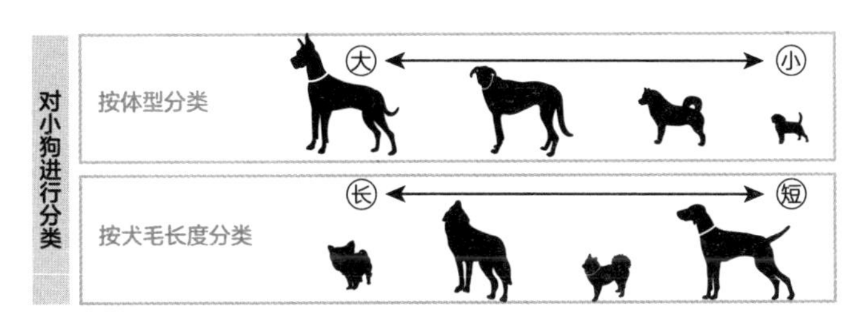

有哪些分类方法?

只要改变摆放方式，就能让对方体会到不同的价值。改变分类方法，甚至具备推翻价值标准的可能性。

这一点适用于所有信息。你经常接触的事物，是否也能采用这种思维方式呢？无论何时，分类方法都不是唯一的。

通过尝试不同的分类方法，或许就能在不经意间找到最能突出信息主题的方式。

这与前面提到的“对信息进行分类的过程，隐藏着衍生新概念的可能性”的理念也是息息相关的。

要提供“有意义的信息”

在思考信息分类方法的过程中，有一点希望大家注意。

即，**对于对方来说，你所选择的分类方法可能并没有什么意义或价值。**

越是庞大的信息，在分类、梳理上所花费的时间可能就越长。

倘若你所选择的分类方法对读者来说没有意义，那么极有可能需要重头来过，之前的努力全部变成无用功。既然有这样的风险，我们进行分类作业确实有些不踏实，那么，该怎么办才好呢？

有一个方法可以帮助我们消除这种不安情绪，即“卡片分类”（card sorting）。卡片分类的目的，是提前搞清楚对方意图从什么角度去分类、理解复杂的信息。

具体的操作步骤如下所示。

卡片分类的步骤

1. 将待分类信息的各个要素写在卡片或便签上。
2. 不讲究任何顺序地随意摆放写有信息要素的卡片。
3. 将信息接收方作为被实验者集中起来，让他们根据自己的直觉自由地对卡片进行分类，不设定任何限制条件，也不限制分类数量。
4. 汇总分类结果，调查分类标准的倾向。

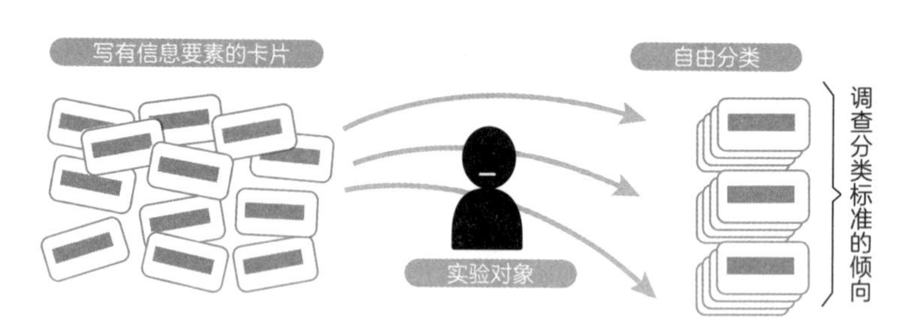

卡片分类的操作方法

因为实验对象会按照自己喜欢的方式分类信息，所以通过这个方法，就能掌握他们理解信息的思路。

如果能从实验结果找出某种规律或倾向，那么这种方法让其他人能轻易理解信息的可能性也就更高。

也就是说，通过分析结果可以获得分类信息的提示。

这个实验方法多用于对网站开发等体量庞大的信息的梳理。在制作图表，需要处理较多的信息时，我们通过这个实验也能轻松找到最佳的分类方法。

STEP1 总结

信息分类具有强大的影响力

- 信息的分类方法可以左右对方的行为
- 对信息进行分类的过程，隐藏着衍生新概念的可能性
- 改变分类方法展示事物，将成为创造全新价值的重要契机

信息的分类方法

- 同时进行主题设定和信息分类
- 参考 5 种信息分类方法
- 在信息分类上遇到困难时，可以尝试卡片分类

STEP2 确定呈现方式

套用图表的基本架构

攻克发现阶段和加工阶段

在上一节我们学习了同时进行主题设定和信息分类，确定图表核心信息的具体方法。让我们以此为基础，进入下一阶段吧。

新的目标是**“确定呈现方式”**。

按照 DTM 的思维顺序，我们终于要进入发现（Discovery）和加工（Transforming）阶段了。

在发现（Discovery）阶段，我们需要围绕主题寻找可供参考的示例，此时需要发挥我们强大的探究精神。

仔细观察搜集到的资料的优点，同时找出那些不可借鉴的部分，再进入下一阶段。

正如大家所了解的那样，设定的主题不同，需要搜集的资料也会存在很大的区别。但是，不需要担心，因为你手中已经握有可以攻克这一阶段的武器了。让我们来复习一下 Chapter 2 中“图表的 5 个基本功能”（自第 37 页起）吧。

然后，再参照 Chapter 4 的案例集（自第 143 页起）。我想，这些将会对我们搜集资料大有帮助。希望大家能在此基础上，耐心找到与你的主题相契合的案例。

发现（Discovery）阶段之后，等待我们的便是加工（Transforming）阶段。在这个阶段，我们需要将想传递的信息套入搜集到的“架

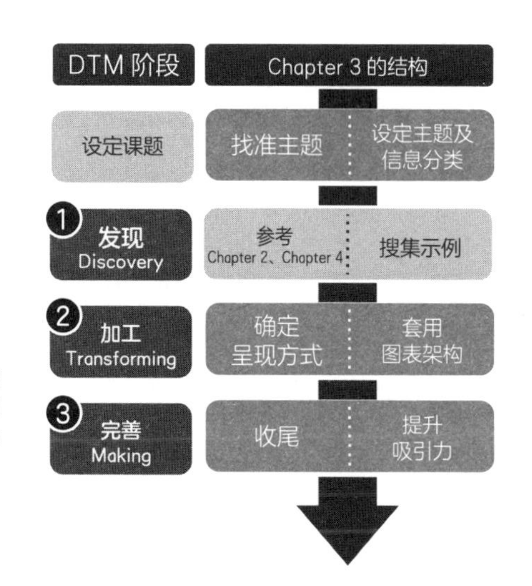

发现阶段与加工阶段

参考 Chapter 2、Chapter 4 完成发现阶段。在加工阶段，思考图表的呈现方式，将你所要传递的信息浇筑到图表的模子中。

构”中。

需要注意的是，不选择错误的架构，不使用质量粗糙的架构。

如果采用的是有凹陷和伤痕的模具，那么即便选用上乘的材料，也做不出漂亮、优质的面包，制图亦是如此。

所以，大家一定要尽可能选择最合适的架构。

只需一些基础知识，就能确定“具有传达力的呈现方式”

那么，如何才能选择最合适的架构呢？这里我想针对两个出现频率比较高的题目展开谈一谈，就是下面这两个主题。

确定呈现方式所需的基础知识

- 照片与插图的区别
- 选择图表的正确方法

基础知识 1

照片与插图的区别

如何正确区分、使用照片和插图

假设，当你遇到“这里应该用照片呢，还是应该用插图呢”的问题时，你能做出正确的判断吗？

当被部下问到“这里应该用折线图还是用柱形图，哪一种的效果更好”时，你是否能自信地做出解答呢？

事实上，运用照片、插图、图表等元素的频率是非常高的，它们也是呈现方式中极其关键的要点。如果能够很好地运用这些元素，那么应该会对你接下来编辑资料很有帮助。

照片和插图有哪些不同

前面我们并没有提到有关照片的话题，但有时图表也会用到照片，抑或是照片本身发挥了与图表一样的作用。此外，也会出现那种使用插图更为恰当的情况。

究竟什么时候该用照片，什么时候该用插图？不知你现在是不是已经一头雾水了呢？

面对照片和插图，你是如何选择的呢？也许很少有人能在对比它们各自的功能后做出判断。

但事实上，这两个元素在用途上有着非常明确的差异，只要掌握了这一点，就能有效提高对方的理解度。

照片与插图的区别，简单来说就在于下面这一点。

照　片

用于传递要求真实感、氛围感或广泛且详细的信息

插　图

用于聚焦重点、仅仅传递必要信息

照片？插图？该选哪一个？

当介绍“什么是年夜饭”时

比如，当需要向外国人介绍“年夜饭”这一具体形象时，照片就能派上大用场。如果需要对每一种食材加以解说，只要在照片上画线并附上说明，就足够了，操作简单，但也完全能让读者理解。

照片在“原原本本地传递实际的氛围”时很合适，可以避免含混不清，做到毫无保留地诠释最真实的状态。

相反，如果是几根线条简单勾勒出的插图，就很难直观地诠释出年夜饭诱人可口的感觉和丰富的色彩。

照片可以原原本本地传递出真实的色彩和形状

当介绍“注射器的使用方法”时

那么，介绍注射器使用方法的说明书上，照片和插图哪个元素更加恰当呢？

答案是，插图。

举例来说，手持注射器的护士的着装、手表、戒指或者肤色等，对于“注射器的使用方法”这一主题来说全都是多余的信息，患者的性别、年龄也没有存在的意义。但是，照片却会一次性传递出上述所有信息。

插图可以预先过滤掉不必要的信息。

只要描述必要信息就足够了。如此一来，就能够让对方将注意力集中在理解注射器的使用方法上。

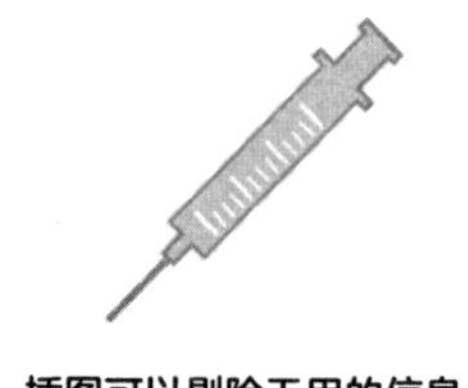

插图可以剔除无用的信息

非必要信息带来的负面影响

那些多余的、非必要的信息给人们带来的影响之大，超乎我们的想象。

当你用老年人的照片时，消费者也许会产生“这个产品是老年人专用的吗”的疑问；如果使用男性照片，消费者或许又会产生“是不是有其他女性专用的产品”的猜测。

抱有“怎么会有人这么笨”的偏见是极其危险的。

大多数情况下，之所以会造成误解或引起混乱，恰恰是因为信息的提供方和接收方在知识和常识上存在差异。

读者在第一次接触某个信息时，他们对这个信息是一无所知的。

我想你也有过看了使用说明书却不知所云、充满疑惑的经历。

让信息的提供方想不到的是，信息的接收方其实很苦恼……这种情况并不少见。

这种情况有时还会造成意外事故、问题和延误。

即使信息提供方就在眼前，能够当场答疑解惑，也不能保证对方能够将自己心中所有的疑惑毫无保留地表达出来。

正如学生们的学习能力存在差距一样，即便用同一份资料进行完全相同的讲解，学生们的理解也各不相同。

所以你必须假设对方是在理解尚不透彻的状态下接收信息的。

照片 or 插图？你应该选择哪一个？

为了避免造成误解或引起混乱，事先对图画元素进行细致的确认变得至关重要。

但是，就像刚才的示例一样，有时只要回到原点，将照片变为插图，或是用照片替换插图，就能有效避开困难。静下心来认真思考，可谓意义重大。

照片 or 插图？如何正确选择？

出于个人喜好或是简单地有什么用什么

根据目的区分使用

依据不同的目的，对照片和插图区分使用

你想要传递的信息，是需要照片的特性还是插图的特性呢？在开始制作图表之前，先留出一点时间，静下心来思考一下这个问题吧。

照片和插图的选择切忌依赖个人喜好或机缘巧合，一定要根据目的灵活选用。

请务必牢记，这种做法能够有效缓解对方的不安情绪。

基础知识 2

图表具备传达力的关键在于功能和目的

你是否选择了具备传达力的图表

很多情况下，我们需要在资料里添加图表。

只要使用相应的图表设计软件就能简单快捷地制成各种图表，抑或是只需附上图表，就能在资料编制过程中获得成就感，甚至会觉得资料变美观了许多。

也是出于这些原因，很多人会积极地在资料中添加表格。不仅是我们自己制作的资料，我们每天接收到的资料中也有很多附有“五颜六色”的图表。或许可以说，图表是最具亲和力的资料了吧。

但是，你的图表究竟用对了吗？

这里，我想针对大家平时工作中最常用到的 5 种图表加以说明。接下来就一起依次进行验证吧。

本书所采用的 5 种图表

- 饼状图
- 分离型柱形图
- 折线图
- 柱形图
- 数值一览表

每种图表都有与其用途相对应的功能

你平时经常使用哪种图表呢？比起青睐某一种图表，根据目的灵活地选用图表很重要。

那么，究竟应该在什么时候用哪种图表呢？

每种图表都有各自的功能，所以选择与目的契合的图表就变得至关重要。

那么，你是否能充满自信地说自己对每一种图表的用途和使用方法都了如指掌呢？

在心里默念“当然了”的人，不妨做一次自我测验——将前面列举的 5 种图表的用途写在纸上。每一种图表都是为传达何种信息而存在的呢？

以下5种图表的用途是？

① 饼状图 →

② 分离型柱形图 →

③ 折线图 →

④ 柱形图 →

⑤ 数值一览表 →

请用一行文字总结每种图表的用途。你是否真的掌握了它们的用途呢？

我将从 106 页开始，对各种图表进行解释说明，同时揭晓上述自我测验的答案。

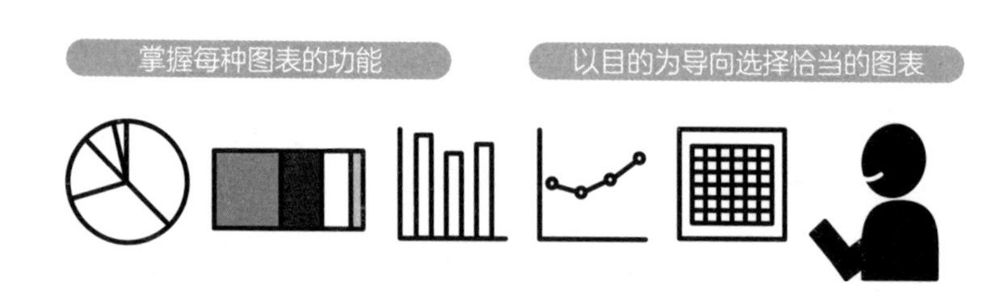

每种图表都有各自独有的功能，关键在于选择契合主题的图表

对图表的使用方法没有自信也没关系

也许有人对图表的使用方法并不自信。

但是，无须担心。之所以会这样说，是因为即便使用图表已经成为商务人士的家常便饭，但其中的大多数人并没有真正理解如何才能正确使用图表。

翻阅各种公开发布的资料就能发现，即使是那些人们口中的精英，也会出现很多低级错误。不过，大家确实也并没有什么机会学习图表的正确用途和使用方法，所以形成现在这种状态也在情理之中，说到底是因为没有人来教授相关的专业知识。

放眼望去，在我们周围，给人一种“创作者真正想要传达的信息未必能准确传递给对方……”感觉的资料可以说比比皆是。

会在幻灯片、阅读资料中使用图表的人，请务必记住接下来要介绍的图表的基本使用原则。

借助相应的知识就能解决

“图表？这么基本的东西，不用你教我也明白。”

提到图表的使用方法，也许有人会信誓旦旦地反驳。但越是盲目自信越会因固执于毫无科学道理可言的个人方法论，让接收信息的人感到为难。说不定你也是其中之一。

“只要站在对方的角度思考，答案自然就会浮现”，这其实是一个彻头彻尾的伪命题。就算站在读者的角度思考，也无法得出正确答案。

如果表达不清楚，就需要“能够表达清楚的知识”。

那么，接下来开始介绍5种具有代表性的图表的特征。

① 饼状图

只用于传达“占整体的比例”

最不具传达力的图表

无论是我们收到的资料，还是我们自己做的资料，饼状图的出现频次都是极高的。但事实上，没能达到创作者的期待值，且最难传递信息主题的恰恰是饼状图。

之所以这样说，是因为一旦使用方法不正确，饼状图就会丧失它原本的作用。所以，饼状图也就成为最容易被用错的图表。

大多数人会出于对比圆中某两个部分的占比大小的目的选择饼状图。其实，这种做法是错误的。那么，正确的使用方法又是什么呢？

饼状图只能用于传达“占整体的比例”这一主题。

这是基本原则。饼状图所要传达的是“与整体相比，某个部分占据了多少比例”，而并非某一部分的占比究竟是大于还是小于其他部分。这样说是有原因的。

饼状图不具备传达力的理由

饼状图的形状就决定了人们很难对比各个部分在数量上的差异。

人们必须掌握多个扇形的面积，但是要想正确对比朝向不同的几个扇形的面积以及弧长，可以说是一项难度极高的工作。

请看**图 21**。让我们来试着思考一下 A 与 C 在大小上的差距。你能想象出 A 的面积是 C 的几倍吗？

图 21

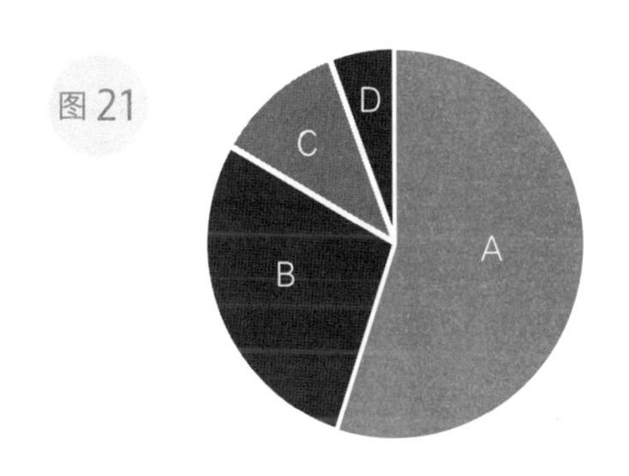

饼状图

饼状图虽然并不适用于各个部分间的对比，
却能直观地传递出“整体与部分的比重关系”。
（图 21 中各部分的占比）A: 55%、B: 28.5%、C: 11%、D: 5.5%

即使回答不上来，错也不在你，问题出在图表身上（顺便告诉你，答案恰好是 5 倍）。

饼状图在比较占比差异上，效果其实是微乎其微的。

那么，我们来挑战另一个类似的问题吧。

还是**图 21**，请问 B 部分究竟是大于还是小于 A 部分的一半呢？

想必大家依旧很难回答。正确答案是，“大于”。

B 的占比是 28.5%，A 是 55%。可能有些多余，顺便告诉大家 A 是 D 的 10 倍（D 的占比是 5.5%）。但是，人们在看到这张图后，绝对无法从中读取这些信息。就连大致的数字信息都难以传递的图表，又有什么意义呢?

在这里，我们可以换个角度思考。

比如，我们来观察一下相对于**图 21** 的整个圆，A 的占比。如果只是要你回答 A 的占比，应该很容易就能想象得到吧。

你瞬间就能看明白 A 的占比超过了整个圆的一半。就像前面告诉大家的那样，A 的占比是 55%。

那么，为什么一下子就能看明白呢？答案很简单。

因为我们可以用挂钟上 12 点、3 点、6 点、9 点的位置关系来模拟数量关系。

我们往往会下意识地核算数量。

饼状图虽然并不适用于各个部分间的对比，却能直观地传递出“整体与部分的比重关系”。

切忌分割出过多数据项

最后，我想跟大家强调一个注意事项。

饼状图的分割数尽量控制在最少。

也有专家提倡“将饼状图的分割数控制在 6 个以下”。

请看**图 22**，这是一个分成了 9 个部分的饼状图。

可以看出制图者罗列了多个相互之间很难对比的要素，所以整体效果极不理想。

我们必须集中精神传达那个已经确定好的主题。

让对方通过饼状图对比两个部分间的差异，是非常困难的。

所以，当要素较多时，我们需要通过合并近似项等方式减少分割数。

图 22

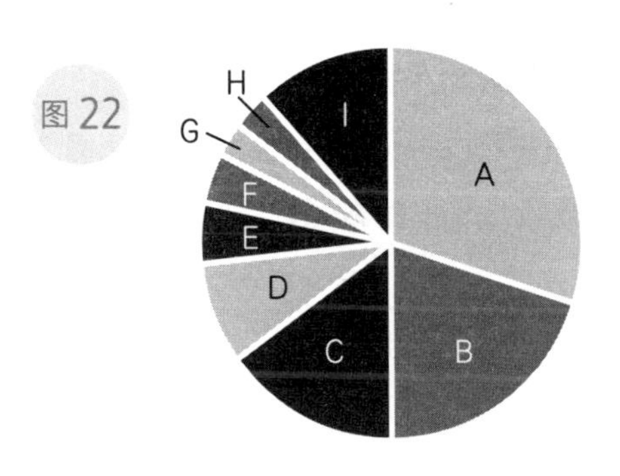

分割成多个部分的饼状图

由于不适用于各部分间的对比，如果将饼状图分成多个细小的部分，那么整体的存在感就会被削弱。所以，我们需要通过合并近似项等方式减少分割数。

② 分离型柱形图

只用于传达“比例的差异”

与饼状图互补的功能

分离型柱形图只能用于传达“比例的差异”，这一功能恰好能与饼状图的弱势互补。

分离型柱形图是通过将一根数据柱分割成多个部分的方式来呈现比例的，所以更适合比较各个部分的比例。

比起饼状图所创造出的二次元的“大小”，用一次元的“长度”对比会更为简单。只要看哪根数据柱更长就足够了。

请看**图 23**。C 占比 22%，D 占比 20%。虽然仅有 2% 的差异，但应该一眼就能看出来 C 的占比略大于 D。

同样的数据，如果用饼状图来呈现会如何呢？对比**图 24**，想必答案不言自明，我们很难直观地把握**图 24** 中 C 和 D 的差异。

图 23

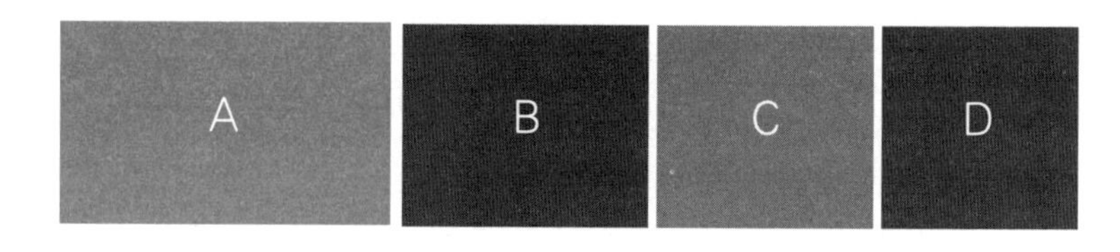

分离型柱形图

分离型柱形图的关注点集中在“长度”上，因此能够简单快捷地进行各部分间的对比。但是，很难把握各部分与整体的关系。
（图中各部分的占比）A: 33%、B: 25%、C: 22%、D: 20%

分离型柱形图有横向的也有纵向的，还具有可以随意调整各数据柱长度的优点。

但也要注意，分离型柱形图很难清晰地传达“部分与整体的比重关系”。

在分离型柱形图中，某个部分究竟占整体的三分之一还是四分之一都很难分辨清楚。请大家再观察一次**图 23**。

你能看出 B 的占比是多少吗?

类似的数据，如果是用饼状图，就能做到一目了然。

比如，**图 24** 的 B 部分，我们能大致推测其占比约为 25%。如果要对比整体和部分，请一定要用饼状图。

而在同一张分离型柱形图中，读取位于端部的项目（横向柱形图的左端或右端，纵向柱形图的上端或下端）的占比情况会更容易一些。以**图 23** 为例，比起 B 和 C，A 的占比大小应该更容易读取。A 的占比正好是三分之一，也就是 33%，你看出来了吗?

出于这个原因，在使用分离型柱形图时，“若能将想要强调的数值放置在端部，可以在某种程度上提高传达力”。请务必将这一点铭记于心。

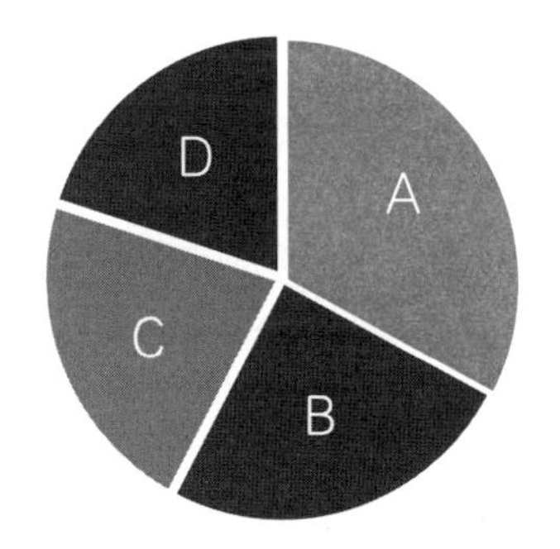

饼状图

饼状图比分离型柱形图更能清晰地传达“整体与部分的比重关系”。
（图中各部分的占比）A: 33%、B: 25%、C: 22%、D: 20%

分离型柱形图的使用技巧

另外，分离型柱形图与饼状图一样，是呈现比重的图表，但是在某些情况下，也可用于呈现具体数值。

即，**将分离型柱形图的数据柱全长合计为某个具体数值，对多个分离型柱形图进行比较。**

请看**图 25**，这是一张表示两个群体的人数和年龄占比的图表。既能直观地诠释整体规模的大小，同时又能表达占比的多寡。这张图还有意突出了“30～39 岁”的具体人数。

当涉及具体数值和占比两种数值信息时，希望大家在做图时一定要花点心思，保证清晰明了地传达信息。

图 25

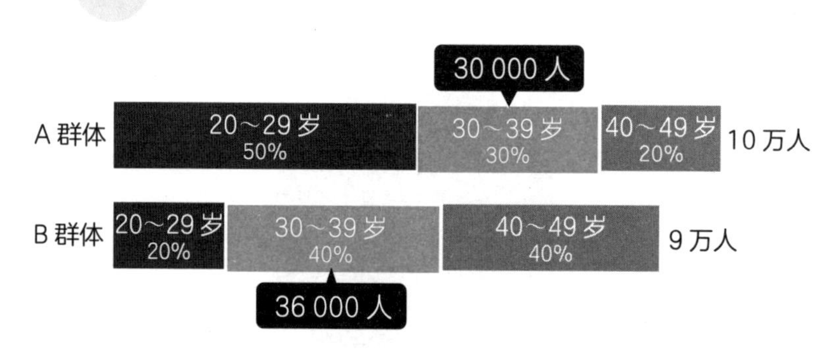

分离型柱形图的应用

分离型柱形图也可同时用来表示具体数值和比重的对比。但是，由于涉及具体数值和占比两种数值信息，所以需要特别注意。

③ 折线图

只用于传达“沿时间轴的变化趋势”

折线图的关键词是“时间轴”

折线图仅能用于传递“沿时间轴的变化趋势”。

这是唯一的保险之策。出于其他目的使用折线图时，需要仔细确认是否正确且毫无违和感地传递了相应的信息。

有人会在传递最大值、最小值、数值间差异等信息时选择使用折线图，但这种做法其实是错误的。

要表示数值间的差异，就用柱形图，这是基本的原则。

请大家对比**图 26** 和**图 27**。同样是对比各国间数值的差异，**图 27** 更直观，而**图 26** 却并没有传递出“对比”的意思。

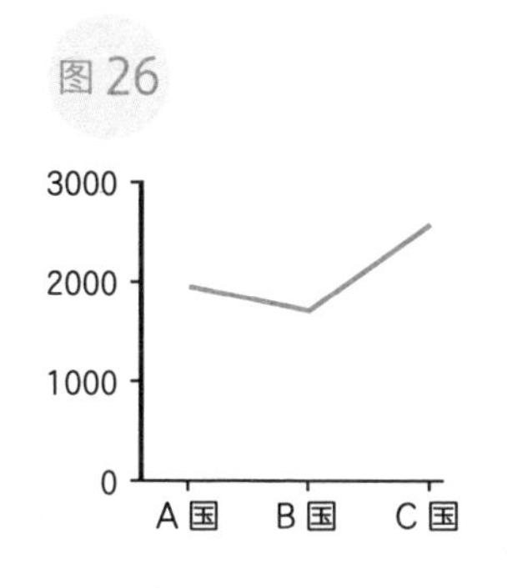

不恰当的折线图

如果折线图使用不恰当，就无法直观清晰地传递信息。折线图仅适用于表示“沿时间轴的变化趋势”。

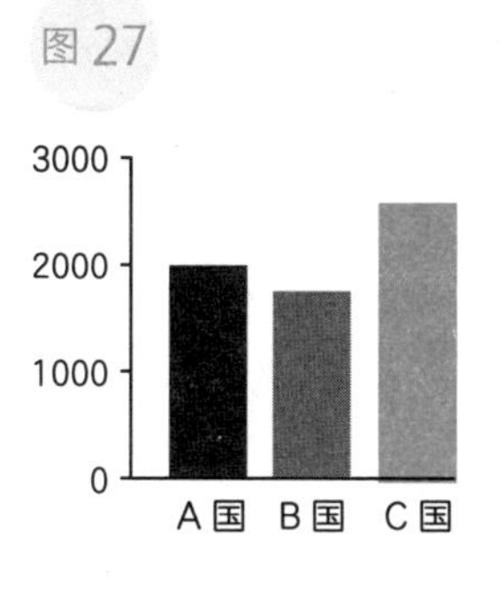

柱形图

对图 26 进行加工、改善后的图表。根据信息内容，有时柱形图更加一目了然。

折线图的唯一目的是传递从一个时间点到下一个时间点，再到下一个时间点之间动态的数据变化。

只有在需要持续呈现随着时间变化而推移的数值时，才能最大化地实现折线图的价值，绝不是对比数值那么简单。

关键是连续性。折线图是为检验趋势、倾向以及变迁而存在的图表。

因此，也不一定非要将坐标轴的基准值定为零，上下浮动的节奏以及浮动幅度才是折线图的看点。

注意时间轴的刻度划分

另外，大家在制图时一定要对时间的刻度多加关注。

必须等间距划分时间轴。

如果在同一张图中，数值刻度一会儿是 1 年，一会儿是 10 年，毫无规则可言的话，对方就无法准确理解数据的变化趋势。

请大家对比**图 28** 和**图 29**，数据资料完全相同。

但是，与**图 28** 相比，**图 29** 会给人一种近几年销售额骤增的感觉，因为创作者在横坐标时间轴刻度上动了些手脚，也许你也已经发现了。这种小把戏很容易被人看穿，过往建立起的信用也会因此瞬间崩塌。

无论是 10 年、1 年，还是 0.01 秒，一旦确定了某个刻度，就要贯彻始终，只有这样，才能保证图表的正确性。

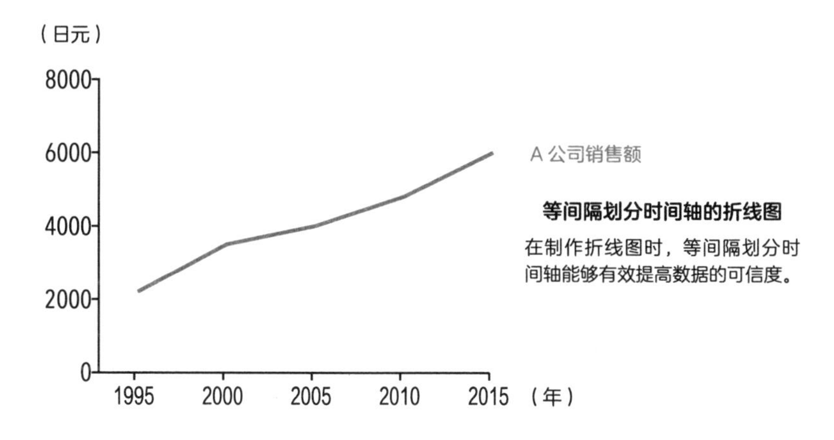

等间隔划分时间轴的折线图

在制作折线图时，等间隔划分时间轴能够有效提高数据的可信度。

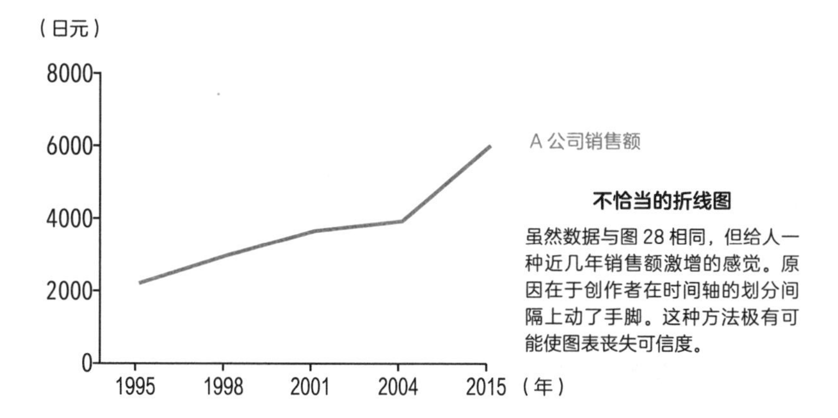

不恰当的折线图

虽然数据与图 28 相同，但给人一种近几年销售额激增的感觉。原因在于创作者在时间轴的划分间隔上动了手脚。这种方法极有可能使图表丧失可信度。

④ 柱形图

只用于传达“数值差异”

能够直观且准确地传达差异的图表

柱形图是最便捷的图表形式，任何人都能在一瞬间理解它想传达的信息。但是，柱形图的功能是有限的。

柱形图的全部功能只在传达“数值差异”。

在制作柱形图时，必须严格遵守以下两条准则。

- 必须以零为基准值
- 不可省略数据柱的长度

让我们在对比**图 30** 和**图 31** 的过程中正确理解这两条准则吧。

这两张图指出了那些没有理解柱形图功能的人经常会犯的错误。柱形图是能够直观且准确传达“数值差异”的图表。

图 30 本公司产品含有丰富的食物纤维

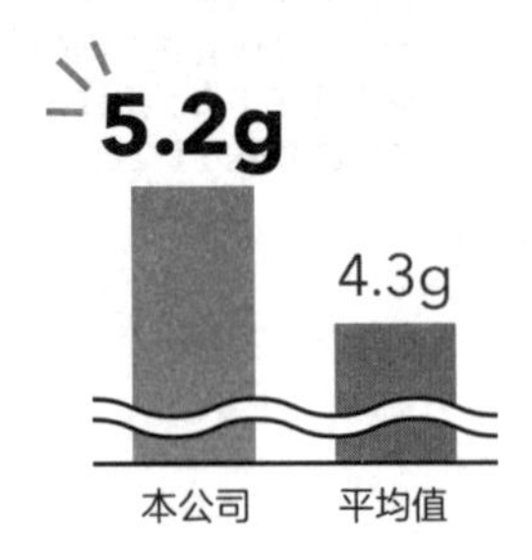

图 31 本公司产品含有丰富的食物纤维

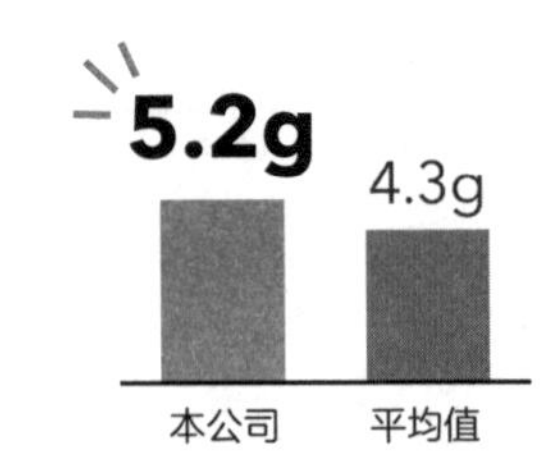

比如，**图 30** 中两根数据柱看起来有 2 倍的差。但是实际上差距并没有这么大，就是因为省略了数据柱的长度，才会扭曲了图表的量感，让人产生错觉。

按原本的比例呈现**图 30** 的数据柱，就是**图 31**。

就像这个例子一样，有时制图者会被夸大图表呈现效果的诱惑所支配，然后不知不觉就会动些手脚。

但是，这种做法不仅会让信息接收者产生错误的认识，一旦被看穿，对方还会产生“差点就上当了”的想法，以失去信任告终。所以一定多加注意。

这种时候，就要思考有没有其他更合适的呈现方法。

如果不能准确传达出数值间的差异，图表岂不是失去了意义？所以我们要及时干预，有效提升资料的可信度。

即使采用了图表来呈现数据，也不一定会产生期望中的效果，我们要在深刻认识这一点的基础上，思考如何优化呈现方式。

如果用图表很容易产生误解，不如直接用数字呈现。

柱形图有两种。一种是有时间轴的，另一种是没有时间轴的

柱形图大致可以分成两类。

即**有时间轴的和没有时间轴的。**

前者适用于确认各个时间段的数值。

当各个数值本身的意义大于整体的变化趋势和推移时，就是柱形

图大显身手的时刻了。

也许有人会疑惑，在柱形图与折线图中应该选哪个？但事实上这两种图表是有明显区别的。

柱形图的作用是正确表示每一个数值。

因此，柱形图并不适合用来展示数值与数值间的关联性和连续性，这种情况下的最佳选择是折线图。

比如，要表示过去三个月平均股价的涨跌趋势，那么就应该选择折线图。如果要展示近一周收盘价的具体数值，选用柱形图会更恰当。美国著名信息图表专家奈杰尔·霍姆斯（Nigel Holmes）在其著作中写道，在展示趋势与数值时，要强调的重点是不同的。明确你的着眼点，选择与目的契合的图表，有助于对方充分理解信息。

另一方面，不含时间轴的柱形图适用于用同一个尺度去衡量或对比多个数据集合。

比如，“各个国家的石油产量”和“各年度咖啡消费量”等主题都能让柱形图大放异彩。

现在你的大脑中应该已经有了一个完整的图表形象了。

⑤ 数值一览表

只用于传达“具体数值”

选用图表时的“无奈之举”

数值一览表用于原原本本地展示具体数值。

当你要在某一个位置展示大量的数值信息或资料版面上没有过多空间时，就可以选择数值一览表。

但是，人们读取这种图表需要花费大量的时间和精力，大多数人不喜欢具体的数字。

即使在幻灯片中投影数值表，对方能够静下心来仔细阅读的可能性也是极低的。

因为对大多数人来说，数字本身就不具备直观理解的特点。大多数情况下，创作者会尽可能回避数值的简单罗列。

如果有其他的图表可供选择的话，还是建议大家优先考虑其他呈现方式。

一览表是没有其他方法时的“无奈之举”。

但有时，直接展示具体数值会比其他视觉化图表更容易理解，因为选用折线图或柱形图时，可能会出现多个数值在视觉上有所重合的问题。

这种情况下，直接罗列数值可以将混乱控制在最小范围。

比起过于复杂、难以读取的图表，数值一览表作为信息的价值会更高。

数值一览表可以应用于以下情形。

数值一览表的用途

· 用于展示由多个数值单位构成的信息

例：电脑设备的型号

· 信息数量庞大，但各接收方只使用其中的一部分时

例：各年龄段月度保险费缴纳明细

· 做成视觉化图表会太过复杂时

例：一次性展示多种数值变化的图表

制作一览表时的小诀窍

在数值表中罗列数字，是有一些小诀窍的。如果能用对方容易理解的方式罗列的话，信息的传达效率会得到显著提高。

也许并不能应用于所有数值表，但大家不妨试一下。

让数值一览表变得清晰易懂的诀窍

· 去掉边框
· 附上平均值
· 纵向罗列数值
· 取整数

· 去掉边框

制作数值表时，很多人会用到网格或边框。但事实上，没有网格或边框的表格更容易让对方理解，因为在对比数值时，网格会妨碍读

者的视线移动。将一览表的边框控制在最小数量，才能减少对方读取数据时的负担。

请看**图 32**，这是一张随处可见的框线表格。紧接着再观察**图 33**，这张图表去除了部分边框。只是这一点差异，就让整张表格变得清爽了许多，阅读图表时的视线移动也变顺畅了。

也有人认为去掉边框，行与列会变得模糊不清，并为此感到不安。但事实恰好相反，横横竖竖的边框反而会阻碍我们的视线。

图 32

全球发电量（单位　10^8 kW·h）

	1973 年	1980 年	1990 年	2000 年	2005 年	2006 年
中国	1668	3006	6212	13 562	24 996	28 642
日本	4703	5775	8573	10 915	11 579	11 611
印度	728	1193	2894	5622	6992	7441
韩国	148	372	1054	2901	3894	4040
泰国	70	144	442	960	1322	1387

数据来源：《世界国势图会 2009 / 2010》（矢野恒太纪念会）。

使用边框的数值一览表

有时边框会妨碍视线移动，影响对方理解表格中的信息。

图 33

全球发电量（单位　10^8 kW·h）

	1973 年	1980 年	1990 年	2000 年	2005 年	2006 年
中国	1668	3006	6212	13 562	24 996	28 642
日本	4703	5775	8573	10 915	11 579	11 611
印度	728	1193	2894	5622	6992	7441
韩国	148	372	1054	2901	3894	4040
泰国	70	144	442	960	1322	1387

数据来源：《世界国势图会 2009 / 2010》（矢野恒太纪念会）。

去除部分边框的数值一览表

去掉部分边框，就能让整张表格变得清爽，视线移动也变得顺畅，有助于对方理解表格中的信息。如果行数较多，可适当添加辅助线。

· 附上平均值

如果在罗列全球发电量时能够一并附上平均值，那么就能给各个数值赋予一定的意义。

请看**图 34**，表格的最下方增加了一行平均值。由此，读者就能理解各国的发电量与平均值相比处于什么水平，也能读取到除各国排序以外的信息。

当然，有时平均值也不那么重要，最多可以用作一个大概的衡量标准。

如果加上平均值有一定的意义，那么请一定要应用在你的图表制作中。

图 34

全球发电量（单位　10^8 kW · h）

	1973 年	1980 年	1990 年	2000 年	2005 年	2006 年
中国	1668	3006	6212	13 562	24 996	28 642
日本	4703	5775	8573	10 915	11 579	11 611
印度	728	1193	2894	5622	6992	7441
韩国	148	372	1054	2901	3894	4040
泰国	70	144	442	960	1322	1387
平均	**1254**	**1819**	**3346**	**5962**	**8510**	**9246**

增加平均值的数值一览表

只是附上平均值，就能暗示各个数值在整体表格中代表的意义。
可以作为信息的衡量标准来灵活运用。

· 纵向罗列数值

当以对比为目的罗列数值时，建议采用纵向罗列的方式。

一般来说，比起横向罗列，纵向罗列的数值更易对比。

请看**图 35**，和前面的表格相比，这张图表将行和列的信息进行了互换，由此会引发什么样的变化呢？请大家一定要深刻分析你对这张表格的印象。

有没有感觉每个国家发电量的变化都变得清晰了许多。你现在应该在以国家为单位观察中国、日本等在发电量上的增长。人们往往习惯于纵向对比数字。

那么，前面的**图 34** 又适用于哪种情形呢？答案是，适用于国家与国家之间的对比，比如“中国与日本的差距有多大”。

图 35

全球发电量（单位　10^8 kW·h）

	中国	日本	印度	韩国	泰国	平均
1973 年	1668	4703	728	148	70	**1254**
1980 年	3006	5775	1193	372	144	**1819**
1990 年	6212	8573	2894	1054	442	**3346**
2000 年	13 562	10 915	5622	2901	960	**5962**
2005 年	24 996	11 579	6992	3894	1322	**8510**
2006 年	28 642	11 611	7441	4040	1387	**9246**

将行和列的信息对调后的数值一览表

纵向罗列的数值更容易对比。因此，将行和列的信息对调后，一览表要传达的信息也随之变化。

正如表格所示，只是单纯地将行和列的信息对调，数值表就能传递出完全不同的信息。

请一定采用与你想表达的主题相契合的方法制作表格。

· 取整数

当图表中涉及的数值较大时，数字尽可能用整数，如此一来对方将更容易把握信息的总体情况。

比如，只要将末位四舍五入就能削弱数据的严密性，有助于整体性的理解。**图 36** 就是典型的范例。

当信息传递追求的只是对大方向的把握，而并非数字的细枝末节时，就可以通过这个方法减轻信息接收方的负担。

图 36

全球发电量（单位　10^8 kW · h）

	中国	日本	印度	韩国	泰国	平均
1973 年	1670	4700	730	150	70	**1250**
1980 年	3010	5780	1190	370	140	**1820**
1990 年	6210	8570	2890	1050	440	**3350**
2000 年	13 560	10 920	5620	2900	960	**5960**
2005 年	25 000	11 580	6990	3890	1320	**8510**
2006 年	28 640	11 610	7440	4040	1390	**9250**

取整数的数值一览表

当你想要传达的不是精确的数字，而是整体概况时，
建议将数字四舍五入，避免有零有整的数字。

即便如此，仍是“无奈之举”

经过上面的介绍，大家应该都能明白，即便是在做数值一览表的时候，只要借助一些基础知识就能提高对方的理解度，改变人们对信息的印象。

但是，还是要再强调一次。

数值表不仅枯燥无趣，还要求对方劳心劳力地去读取一定的信息，很多人看到数值表都会有抵触情绪，有人甚至会选择无视。

如果有其他的呈现方式，请优先选择那个方法。当其他方式不可行时，再尽最大努力使数值一览表保持清晰易懂。

请大家一定要记住，选择数值一览表终归只是个“无奈之举”。

STEP2 总结

区分使用照片和插图

- 不能根据个人喜好或机缘巧合选用
- 根据照片和插图的特性，选用与信息主题相契合的素材
- 不必要的信息会产生意想不到的负面影响

正确的图表选用方法

- 理解每一种图表的功能
- 选择与要传递的信息主题相符的图表

①饼状图：传达“占整体的比例”
②分离型柱形图：传达“比例的差异”
③折线图：传达“沿时间轴的变化趋势”
④柱形图：传达“数值差异”
⑤数值一览表：传达“具体数值”（仅作为没有其他选择时的手段）

STEP3 收尾
提升渲染力的诀窍

吸引对方注意的诀窍

前面我们谈到了设定主题和确定呈现方式的具体做法，距离完成图表制作，还剩最后一步。

即，收尾。

在 DTM 思维方式中，完善（Making）就是最终阶段。只要攻克了这一关，就意味着完成了图表制作的所有工序。

在这个阶段，我们只需要进行一些相对简单的工作即可。比起动脑，更多的是动手。离大功告成，只剩最后一步。

回想一下，无论是设定主题还是确定呈现方式，基本都是在大脑中对各种材料或元素进行分解、组合等。

而收尾，则是要确认已经成形的图表还有没有什么问题。

就好比工厂出货前的质检工序。剩下的不过是一些简单的微调。话虽如此，这项工作却将成为吸引对方注意的原动力。虽说是些简单工作，但也绝不能懈怠。

接下来要介绍的收尾工作，大致可以分为以下三项。

图表的收尾　　图表周边的收尾　　文字的收尾

提升渲染力的三项收尾工作

如果能很好地平衡这三项收尾工作，就能大幅提高资料的完成度。下面就让我们依次展开学习。

首先是**图表的收尾。**

1. 图表的收尾

说实话，基本的图表制作方法其实都已经介绍完了。想必你对图表制作方法的思维方式、作业顺序等基本要点都有了充分的理解和认识。

但是，还有几个要点是最后一个阶段中不可或缺的。接下来，我将为大家详细介绍。

图表收尾工作中不可缺少的 3 项工作

①弱化影响力
②否定多样性
③不盲目自信

①弱化影响力

此刻，你制作图表的目的应该是增强视觉上的影响力吧。所以也许有人会感到费解，既然如此为什么又开始讨论“弱化影响力”呢？

但事实上，这是每一个设计师都了解的常识性作业。

没有设计经验的人或是刚开始学习设计的学生最容易出现的代表性问题就是**强调所有信息内容**。

这样做，起到的**完全是反作用**。

在确定了图表的主题之后，为了突出主题，就必须牺牲其他要素。也就是相对地弱化除主题外的要素，这项作业其实并不难。

以下几个弱化影响力的方法，效果最立竿见影。

弱化影响力的主要方法

- 弱化颜色
- 改用较细的线条
- 改变字号和字体粗细
- 缩小要素的尺寸

同时，要强化与主题相关的部分。

请对比**图 37** 和**图 38**。

图 37 过分强调所有要素，反倒给人一种含混不清的印象。

而**图 38** 为了突出“资金流向”这一主题，有意地弱化了其余部分。通过有效控制需要突出和弱化的部分，对方就可以按照创作者期待的顺序阅读理解图示。

“想强调所有要素”是大家的真实想法，但请一定要克制。

不管怎么说，制图的首要目的都是传达主题。只有主题传达到位了，才能正确传达其余的信息。

图 37 本公司投资基金的资金流向

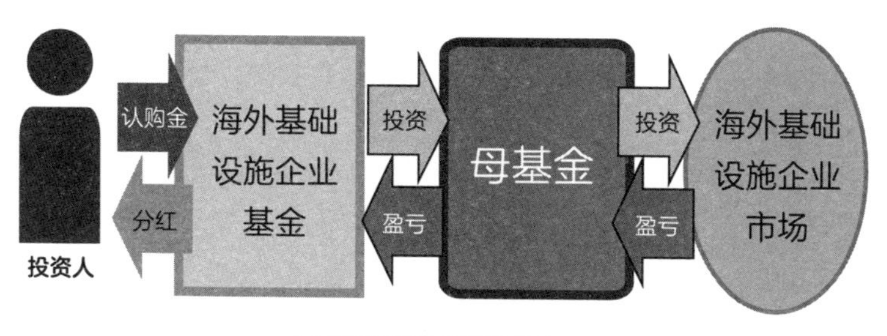

过于强调所有要素的图表

一旦过于强调所有要素，就会导致读者的视线很难在任何一个要素上停留。

图 38 本公司投资基金的资金流向

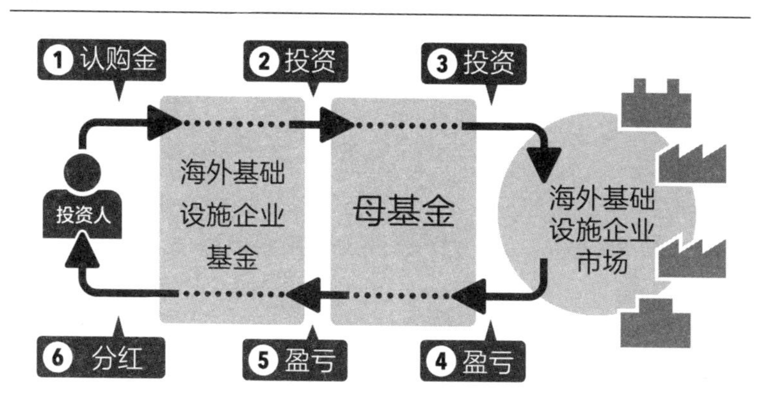

有意弱化部分要素的图表

在内容要素的弱化和强调之间取得平衡，就会让整张图变得更加简明易懂。

② 否定多样性

否定多样性法针对的并不是社会环境，而是图表制作的思维方式。图表中往往含有多个要素，而倘若这些要素以毫无脉络的多样化形式存在的话，就会妨碍对方正确理解信息内容。我们的目的就是解决这一问题。

这里提供以下两个解决方法。

梳理、呈现多样化要素的方法

- 明确分类的区别
- 保持一贯性

· 明确分类的区别

明确分类的区别，是指确保不同种类的信息用完全不同的方式呈现。反之，同一种类的信息就要让它们看起来是一致的。

要贯彻落实这一点。

第一次看到信息的人们，对你分类的信息项目一无所知。

首先要传达的就是信息分类。因为信息分类与主题有着密切的关系。

想要图表中的信息保持一定的秩序，就需要对其进行一定的管理。

但是，在制作图表的过程中，我们的头脑里往往会浮现出各种各样的想法。每每灵感闪现，就要加上某些要素，慢慢地，图表的秩序也就被打乱了。

所以，在收尾阶段我们需要找到那些不统一、不整齐的部分，再一次明确各个类别间的区别。

只要能在一开始就传达主题和信息分类，那么顺畅地传达剩余信息的渠道也就打通了。

就像检查作业一样。

· **保持一贯性**

保持一贯性，是指将明确的区别贯彻到整份资料的角角落落。

要明确 A 信息和 B 信息是同一类的，又不同于 C 信息。

贯彻落实这一点，就能帮助对方迅速找到理解信息的头绪。

请看**图 39**。可以说这张图中信息分类的区别极其模糊。一贯性虽然重要，但如果没有合理地分类信息，就很难让人理解。

结果导致对方必须依次确认每一个信息具有什么意义，而且无法保证他能得到正确的结果。

图 40 是**图 39** 的改善示例。看到这张图就能明白，有了“区别”和“一贯性”，信息就变得清晰易懂了。

在这个阶段，需要我们将制作图表过程中产生的多样化要素用简单的方法统一，并让其保持一贯性。希望大家能认识到这一步是必不可少的。

图 39

本公司提供闲置资产（空置仓库、土地）的有效利用服务

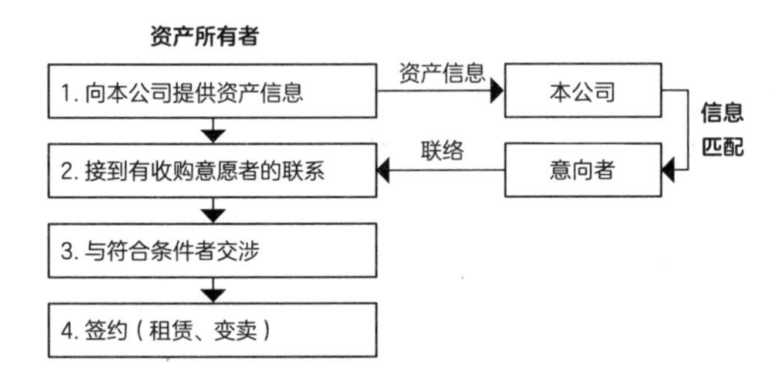

各类信息间的区别不明确的图表

分类后的信息看起来没有任何区别，造成理解困难。

图 40

本公司提供闲置资产（空置仓库、土地）的有效利用服务

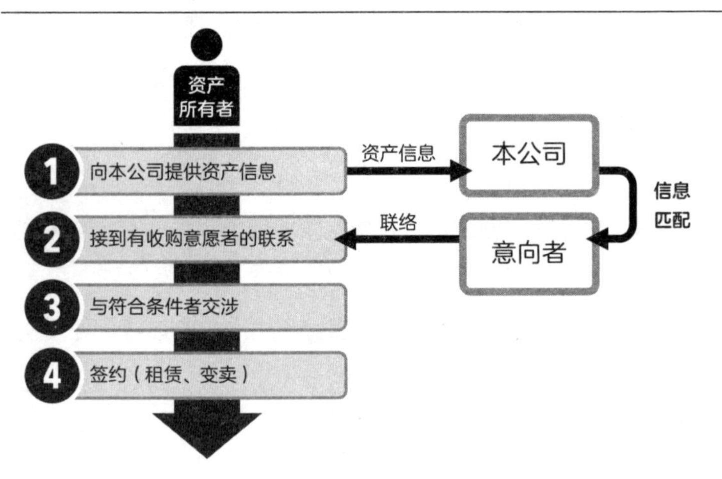

各类信息界限明晰的图表

明确地向对方传达不同种类的信息，就会让整张图变得清晰易懂。

③ 不盲目自信

创作者在一步步制作图表的过程中，会对图表产生感情。从逻辑上思考，如果毫无遗漏地检查了所有需要检查的地方，那么就会信心满满——“这样应该谁都能看明白了吧”。

但是，有时自信反倒是很危险的，因为对于图表来说，必不可少的是绝对客观的视角。

将你做好的图表交给别人，尝试一下不进行口头说明，看对方能否理解，最好是多找几个人试验。

询问一下对方能从图表中理解到哪些信息。如果和你的期待相符，那很好，可以直接使用这张图表。

但是，对方也有可能会回复“看不明白”，抑或是他们理解的信息与你的预期完全相反。

正在写这本书的我，其实也经历过很多次失败。说来惭愧，我将自己制作的图表拿给别人看时，也收到过“看不明白”的反馈，每每收到此类回复，我都会立马修正，多次反复修改，直到对方正确理解为止。

虽然整个过程很枯燥，但每次了解到对方在哪部分有疑惑，对我来说都是一次很有价值的学习。有时我也会非常气馁，甚至会回到“信息分类”重新开始。

但是，只要多次反复这一过程，必然能够到达终点。这一点请大家放心。

重要的是要拥有“我先入为主，已经戴上有色眼镜了”的自觉。

因为你现在掌握了太多的专业知识。

千万不要过于信任自己。把你做好的图表展示给别人，就能获得很多新的认识。

试着学会倾听对方“不理解、不明白”的反馈，如此一来，就能让你制作的图表具备较高的客观性。

2. 图表周边的收尾

收尾阶段的第 2 项工作是图表周边的收尾。说到图表周边，听起来可能像是非常细节的东西，但也绝不可轻视。

事实上，图表周边恰好是对方关注度极高的部分。

平时看的时候，也许从未在意过，但实际上你从图表周边也获得了很多信息。

本书开篇就提到，最先进入读者视线的就是“图”（visual）。

那么，你能想到第二个闯入视线的是什么吗？答案是，**解说词**，即写在照片和插图下面或侧边的简短说明文字。

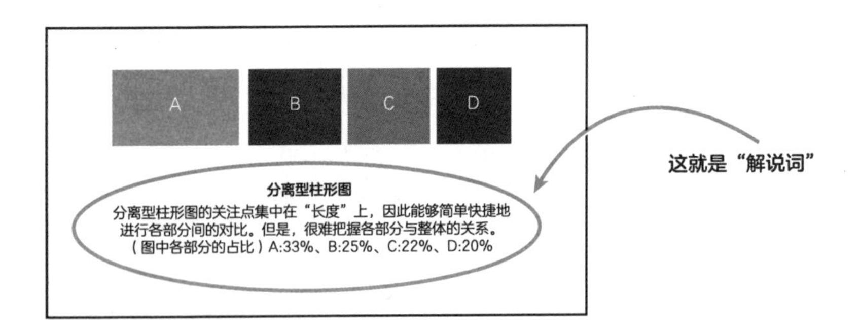

首先，观察图片，只要读者能够顺利理解其中的含义，或是产生一定的兴趣，那么下一步就会阅读解说词。如果是有趣的信息，自然想要继续深入了解。

这种情况下，获得信息最快捷的渠道就是解说词。

从长篇大论中获取图表的信息需要花费一定的时间，更快捷的信息提取方式正是阅读解说词。所以，人们在看到图表后，视线自然会转向旁边的解说词。

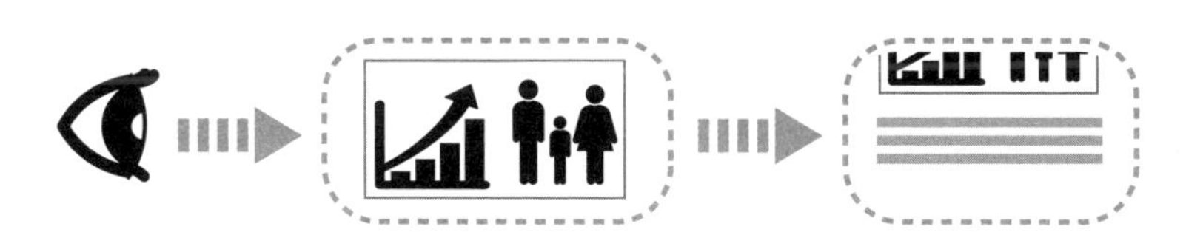

最先映入眼帘的是图，其次便是解说词

如果解说词枯燥乏味，那么对方原本的兴趣也就被浇灭了。反之，如果解说词写得妙趣横生，读者就会有兴趣继续深入了解，阅读小标题、正文。那么，倘若没有解说词，会如何呢？这就取决于对方了。如果没找到相应的头绪，也许会变得兴趣索然。如果是必要性极强、不能忽略的信息，也许会继续阅读正文。

对方之后的行动是超出你的可控范围的。换句话说，这也正是作为创作者必须建立一整套完备的信息传递流程的原因，必须用一些方法，让对方踏上**“从图表到解说词，再从解说词到正文”**的路程。

为此，针对图表周边，我们需要做到以下两点。

有效改进图表周边的方法

① 必须附上解说词
② 关联正文

① 必须附上解说词

附上解说词。写上能从图表中获取的信息即可，如此一来，读者就能在心里默念，“没错没错，就是这样”或“原来如此，是这样啊”。也可以从正文里直接摘选一句附在照片或插图旁。

总之，就是要采用图表加解说词的组合，将大致的信息传递给读者。

② 关联正文

请一定要给图表标上序号或符号。比如“图 1”或“Figure 2.1”等，标记方法五花八门，只要在读正文时能明白是针对哪张图在进行说明就可以了。只要明确写了“图 1 的数据表示的是”，读者就会去关注图 1。

但是，有一件更重要的事。即，要保证对方能够根据图表找到相对应的正文内容。大多数人都是先看图，然后再阅读正文，因为图表是最先闯入读者视线的，也正是出于这个原因，我们要确保对方能立即找到与图表相关联的文字。

要做到这一点，有一个非常简单的方法。

把正文中的图表序号等加粗，使其变得醒目。

仅此而已。这样对方就能在看到图表后，立刻找到相对应的正文内容。

3. 文章的收尾

收尾阶段的第 3 项工作是**文章的收尾**，但是这里的讨论对象并非文字内容，而是文章结构。资料或文件中出现的文章，一般都会采用大标题、小标题、正文的层次。

事实上，这些层次对人们的理解有着极大的影响。合理、恰当地划分层次，并保持文章整体的一贯性，决定了整篇文章是否清晰易懂。同样的文字信息，采用文章形式还是分项罗列，给人的印象是完全不同的。

当然，这同样也会左右对方的理解度。

我们需要关注的要点主要有以下 3 个。

使文章清晰明了的要点

① 频繁插入摘要
② 文章结构最多分为 3 个层次
③ 将核心内容分项罗列，最好以图表形式呈现

① 为了让人们对信息有粗略的认识，需频繁插入摘要

根据语言教育学的研究，阅读理解文章的方法有两种。

即泛读和精读。

倘若是小说等文学类书籍，读者也许会从开头一字不落地仔细阅读。但是，在遇到说明文时，无论是印刷物中的信息，还是线上网络信息，大多数情况下人们都会分成泛读和精读两个阶段进行阅读。

大多数人为了大致理解整体内容，都会选择从泛读开始。

随后，为了详细了解必要的信息才会进入精读阶段。为了尽早获得自己所需要的信息，这个方法是相当高效的，而且几乎所有的读者都会选择以这种方式阅读带有图表的文章。

对于读者来说，“迅速找到自己所需的信息”是非常关键的。

而能实现这一点的正是**摘要**。

在泛读阶段，摘要能留住读者快速移动的视线。只要定期频繁地插入容易看到的摘要，那么读者只需沿着这些摘要就能掌握文章整体的大意。

当然，摘要的内容最好与你想要优先传达的信息相关。

摘要不仅是在泛读阶段有用，在那之后也会派上大用场。当读者忘记内容时，只要借助摘要就能方便快捷地再次确认相关信息。

无论是演讲时的幻灯片、印刷品，还是线上的网络信息，都要尽可能多地插入摘要，从而缓解读者的负担，这对读者快速理解信息也是有帮助的。

② 文章最多分为 3 个层次

英国行为科学家帕特里夏·赖特（Patricia Wright）指出，说明文的结构最多分为 3 层。她认为，说明文分为 4 个层次及以上时，容易引发读者的误解和错觉。

也就是说，让读者理解自己当下阅读的文字是哪个信息的一部分，是非常关键的，而这恰恰会影响读者对信息整体的理解度。

文章典型的 3 个层次：大标题、小标题、正文。

如果你现在正在做资料，请一定要数数自己的文章分了几个层次。

是否远远超过了3个层次呢？当想传达的信息非常复杂地组合在一起时，要想将其简单地呈现出来或许并非易事。即便如此，还是希望创作者不要掉入曲高和寡的误区，一味地增加文章层次，请一定要时刻谨记3个层次为宜。

文章结构变简单了，读者的理解度就得到大幅提升。

③ 将核心内容分项罗列，可能的话以图表形式呈现

需要传达的核心内容，最好还是采用分项罗列的形式，原因在于这样做会让相应的信息变得醒目。

完全相同的一段内容，比起将其融合在成段的文章中，分项罗列的方式更容易映入读者的眼帘。

这也是因为在分项罗列时，每一条的开头都一定会加上项目符号。“·（中圆点）”就是极具代表性的项目符号，想必你也经常会用到吧。

也许平时在用的时候也没有想那么多。但是，这会在视觉上给读者带来极大的冲击力。

分项罗列的条目前面总是整齐地排列着项目符号，会营造出不同于一般文章的氛围。

另外，分项罗列的文字的末尾大多有部分留白，因此容易吸引读者的视线。如果能改变字体，效果会更好。

分项罗列主要分为3类，根据项目符号有所区别。

3种类型如下所示，我们可逐一进行确认。

分项罗列的 3 种类型

项目符号	示例	含义
符号	· ● ○ ■ ▶	不强调顺序的分项罗列
数字	1. 2. 3. …… ①、②、③ ……	顺序有一定重要性的分项罗列
文字	A. B. C. ……	相互排斥的（不可重复的）分项罗列 常用于选项等

分项罗列的部分会成为文章中最显眼的存在。

但是，可能的话，请一定要深入思考能否将其进行图表化呈现。

因为图表的视觉冲击力远远高于分项罗列。

将文章进行图表化呈现，同时展示原本的文字和图表，能够进一步加深读者的印象。

这也是前面介绍过的加深读者记忆的小技巧——“同一个信息要反复传递”（详见第 75 页）。

请大家一定要多加复习。

将文字转化为图表时，我常用的方法恰好与这个过程非常相似，主要有以下 3 点。

将文字转化为图表时的具体步骤

- 将文章按照要点进行分解
- 将分解后的要点列表进行梳理
- 摘取要点，制成相应的图表

到这里，我们分 3 项介绍了文章的收尾方法。也许其中包含了很多与图表制作并不直接相关的话题，但也是让资料变得清晰易懂的不可或缺的要点，所以有意提及。

请一定将这些方法灵活运用。

STEP3 总结

提升渲染力的 3 项收尾工作

· 图表的收尾

· 图表周边的收尾

· 文章的收尾

图表的收尾不可缺少的 3 项工作

· 弱化影响力

· 否定多样性

· 不盲目自信

提升图表周边各要素传达效果的方法

· 必须附上解说词

· 关联正文

使文章清晰明了的要点

· 频繁插入摘要

· 文章最多分为 3 个层次

· 将要点分项罗列，最好以图表形式呈现

Chapter 4

[案例集]

只要将图表稍加改动，即可传达所有信息

1 常见的“失败案例”要这样改善

即使掌握了基本原则，还是无从下手

“只要读了这本书，就能掌握图表制作的基本原则和整体思路。”

我在整个创作过程中始终怀抱着如此宏大的目标，结果如何呢？你是否也做到了呢？

如果答案是肯定的，那么我会很开心，关键点已经讲完了，接下来就只剩下动手实践了。或许我也可以就这样顺势写下“后记”，然后面带微笑地结束整本书的创作。但是……

真正坐在书桌前时，却没有任何好的想法……

诸如此类，没有具体的参考示例就迟迟难以动手的情况其实并不少见。我偶尔也会经历同样的状况，当然也甚是为难。从零开始做出些什么，有时的确是值得赞扬的创造性做法，但会花费大量时间。

在 Chapter 4 中，我将汇总、介绍过往我曾见到过的部分图表，以及相关的“失败案例”。

然后，针对这些失败案例，我会按照自己的想法加以改进，并呈现给大家。当然，我所做的改进不过是众多改善示例中的一种做法而已。正如我反复强调的那样，这并不是唯一的“正确答案”。

因为，图表的形式是由信息的主题决定的。

即便是相似的示例，只要主题发生变化，那么就需要对图表重新进行加工。

下面我将同时呈现“失败案例”与“改善示例”，希望大家可以在对照两种示例的过程中确认改善点。

漫无目的地翻阅 49 个案例

这里介绍的 49 个示例，大致可以分成以下 4 类。

- 工序图 · 流程图
- 对比 · 一览表
- 图表 · 表格
- 文字 · 排版

这种分类也许会限制你的想象力。一心想着“做张图表”的人，满脑子想着的都是图表，很难跳出来。而这种现象，从图表制作方法的基本原则来看并不是一件好事，因为主动思考有没有什么不同的呈现方法，有时也是至关重要的。

即便如此，我还是选择进行上述分类，原因在于这种分类在某种意义上可以成为图表制作方法的索引。

在我看来，比起整体参考某一个图表案例，分别参考多个案例的部分技巧会更好，比如，“这里是不是可以进行这样的处理”。希望大家能以这种态度去看待接下来的案例集，如此就可以跳出主题，在制图的过程中获得一些灵感和帮助。

所以，大家完全可以漫无目的地随意翻阅接下来的案例集。当然，只要你看过了，应该多少也会对资料的表现手法有一些新的构思，希望大家在发现（Discovery）阶段搜集素材时也能灵活使用案例集中的元素。

重要的是，以这本书所呈现的案例为开端，尽可能多地参考我们身边的信息，按照自己的思路反复进行素材的重组。

常见的失败案例

简单的信息仅通过文字传达

提高传达力的改善示例

越是简单的信息越要用图表的形式吸引对方的注意

有时我们会遇到那种内容简单，不到一行文字就能说明的信息。“这种信息谁都能理解，没必要特意做图说明吧……”很多人会有这种想法。

但是，如果是内容简单的信息，那么做成图表的形式既**不用花费太多时间**，还能吸引对方注意。越是这种时候，越应该积极主动地利用图表。

请大家先观察一下“**失败案例**”。这是一个简单的公式，但是只有文字，读者很难立刻掌握整体的含义，反倒显得很复杂。

“**改善示例**”不过是将各要素放在方框内，加上了计算符号。但就是如此简单的加工，也**让图表变得清晰易懂了许多**，你应该也有同感吧。

以下两点是大家在将简单的信息进行图表化呈现时可以借鉴的关键技巧，请务必铭记于心。

改善点

- 将不到一行的简短文字进行图表化呈现
- 用方框框住，排列时保留适当的距离

失败案例

仅凭文字说明，难以理解具体含义

净销售额－销售成本＝销售总利润（盈利时）

净销售额－销售成本＝销售总损失（亏损时）

销售成本＝期初商品库存余额＋购入净额－期末商品库存余额

改善示例

只需用方框围住并排列，就制成了一张图

净销售额 － 销售成本 ＝ 销售总利润（盈利时）

＝ 销售总损失（亏损时）

销售成本 ＝ 期初商品库存余额 ＋ 购入净额 － 期末商品库存余额

常见的失败案例

用一张图表完美地呈现整个过程

提高传达力的改善示例

遇到复杂的信息，建议分解成多张图表呈现

在介绍流程或某个机制时，创作者往往追求尽可能翔实地进行说明，但大多数情况下会适得其反。原因在于，读者喜闻乐见的都是些看起来简单清晰的资料，对那些复杂晦涩的信息大多有些抵触。无论是文章还是图表，都一样。

首先观察下面的“**失败案例**”。商品和资金的流向全部体现在一张图中。但是，体现的信息越多，整幅图就变得越复杂。

我们可以在这里先停下来思考一下。这些信息真的必须用同一张图来呈现吗?

答案是，视信息的主题而定。倘若并不需要同时传达两个主题，那么完全可以分解成两张图。

“**改善示例**”就是将“商品”和“资金”这两个主题分开加以说明。虽然图表的个数有所增加，但每一张图都变得清晰简单了许多。

对信息进行分解的优点在于，可以让读者将注意力集中于单个主题上。

希望大家能从主题出发加以判断。

改善点

- 将复杂的内容分解成多张图表呈现
- 为了保证多张图表看起来有关联性，统一多张图表的设计风格

失败案例

如果图表中信息元素过多，那么整幅图就会变得复杂难懂

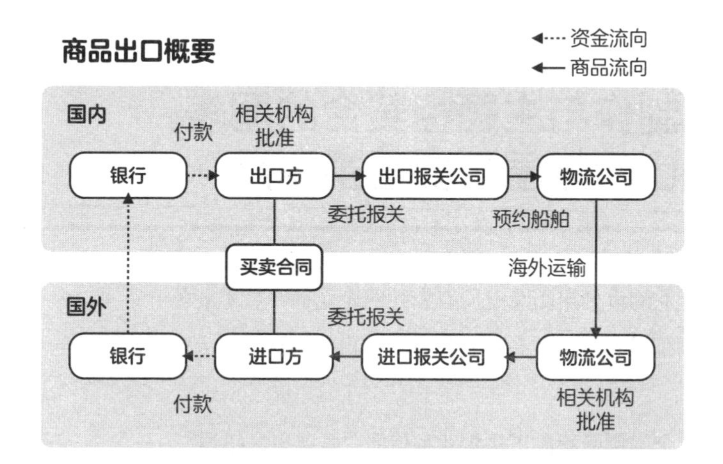

改善示例

对图表进行分解，内容就会变得简单易懂

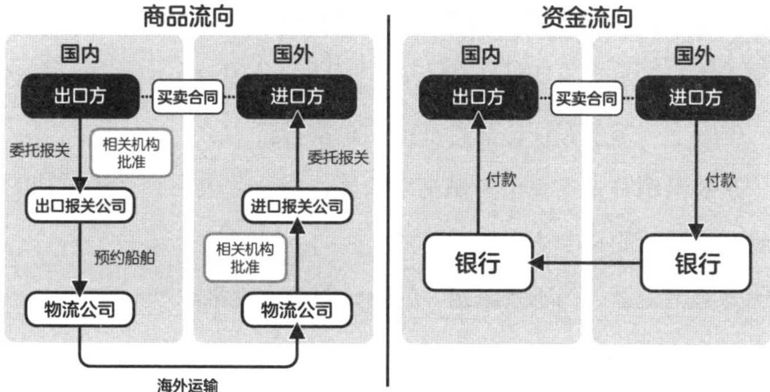

常见的失败案例

制作业务引导图时更重视有气势的氛围

提高传达力的改善示例

制作与主题相契合的图表，比起氛围更要重视主题

企业的宣传册上总是印有宏伟的企业简介或是业务介绍图，但有时也会遇到那种看了又看，可就是看不明白的情况，请大家观察下面的“**失败案例**”。

这个案例所犯的正是企业宣传册“最典型的错误”。

希望大家能够关注到标题上写的文字与图表内容存在偏差。一边强调“客户至上”，一边却用很小的字号将“客户”二字放在整幅图最不起眼的位置。

在强调本企业的优势时，往往会出现以本企业为中心的倾向，但是读者最想直观了解的恰恰是这种优势与自己有什么关联。如果无视对方的诉求，有可能就会被解读成“自吹自擂”。

即便写下来的文字完全相同，仅仅改变要素的配置也会让读者的印象产生翻天覆地的变化，因此希望大家在制图的过程中多加注意，在要素的配置、排版上一定要保证让信息直接关联读者。

“**改善示例**”则实现了紧贴文字含义，将企业最强调且最重视的“客户”放在了圆圈的正中心。

优先考虑主题，而不是氛围，就能让图表活起来。

改善点

- 重新审视标题中出现的文字的含义
- 在要素的配置、排版上力求信息直接关联读者

失败案例

文字与图表内容的偏离产生违和感

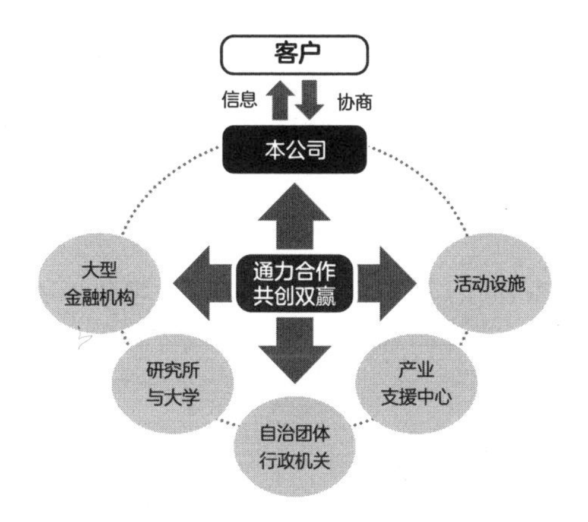

改善示例

从主题出发制作图表，给读者的印象就会有所变化

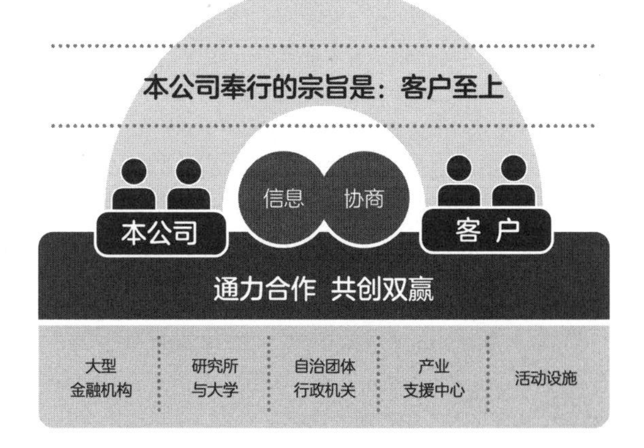

常见的失败案例

用序号将文字与插图关联起来进行说明

提高传达力的改善示例

说明的文字
必须“陪伴”在图的“身边”

在介绍某项作业的步骤、工序时，若能将文字紧贴在插图的旁边，就能减少读者的误解和阅读时的遗漏。

因为直接对照图表和文字就能理解信息。

请大家对比下面的“**失败案例**”和“**改善示例**”。

“**失败案例**”中，插图和文字是分开的。每个步骤的文字和插图是相互分离的，无形中增加了读者理解的负担。

反观“**改善示例**”，始终保持插图和文字上下关联的形式。步骤数越多，“**改善示例**”所采用的方法效果就越显著。

对比具体的事例，想必任谁都能理解这个道理，然而一旦在工作中真正需要自己动手做图表，介绍操作步骤时，大多数人又会不自觉地将插图和文字分割开来，用序号和符号建立起两者间的联系。你应该也见过类似“**失败案例**”的图表。

为了让读者不费吹灰之力就能理解每个步骤，请大家务必牢记，说明文字要始终“陪伴”在图表的“身边”。

改善点

- 改用说明文字和插图上下对应的形式呈现
- 删除说明文字前的序号

失败案例

一旦将图表和说明文字割离开来，就无法很好地与说明文字衔接

会员登录方法

1. 请在本公司网站“会员登录页”注册会员账号，并设定密码。
2. 随后您将收到由本公司发出的登录确认邮件。
3. 请在 24 小时内点击邮件中的链接。
4. 点击登录，即可完成登录。

改善示例

将图表和说明文字同步呈现，即可保证读者的视线紧跟说明文字

会员登录方法

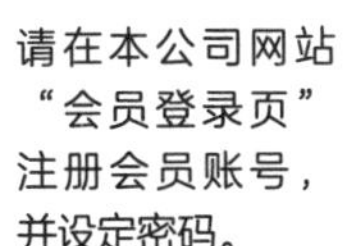

请在本公司网站“会员登录页”注册会员账号，并设定密码。

随后您将收到由本公司发出的登录确认邮件。

请在 24 小时内点击邮件中的链接。

点击登录，即可完成登录。

常见的失败案例

乘车路线信息尽可能简练地说明

提高传达力的改善示例

不采用简短的文字说明，而是借助图表直观传达

乘车路线信息往往会被安排在整个版面最不起眼的角落，大部分做法都是在周边地图的旁边附上简短的文字，以此来说明乘车路线。

请大家观察“**失败案例**”，这是一个非常典型的例子。仅仅阅读一遍这些文字说明，完全没有该从哪里往哪里去的具象认识。光凭这个文字是否能抵达正确的目的地呢？或许读者心里会很不踏实吧。

那么再来看看“**改善示例**”。如果版面空间允许的话，建议大家准备这样可以直观地传达信息的图表，有了这张图，读者就会踏实许多。

另外，乘车信息可灵活运用“step by step”技法，这是传达交通方式和路线的最佳方法。

只要有图表，即便有多种路线，读者也能很方便地选择最佳路线。

乘车路线是否简单易懂，有时甚至会影响来访人数。所以，请大家一定要尝试使用直观的视觉化形式。

改善点

- 由文字说明改为图表
- 通过“step by step”技法使各路线更易对比

失败案例

简洁的文字说明很难给读者留下深刻印象

前往新产品项目展示会的乘车路线

▼从地铁“A 站”下车，从 5 号出口前往公交站 9 号乘车点乘坐“大学医院”方向（A20 系统）的公交车，在“商务厅前站”下车，步行 1 分钟后到达。

▼从地铁“B 站”下车，从连接 2 号出口的南口站前公交站乘坐“区立博物馆”方向（N50 系统）的公交车，在“商务厅前站”下车，步行 1 分钟后到达。

改善示例

改用图表，即可直观地理解整体信息

前往新产品项目展示会的乘车路线

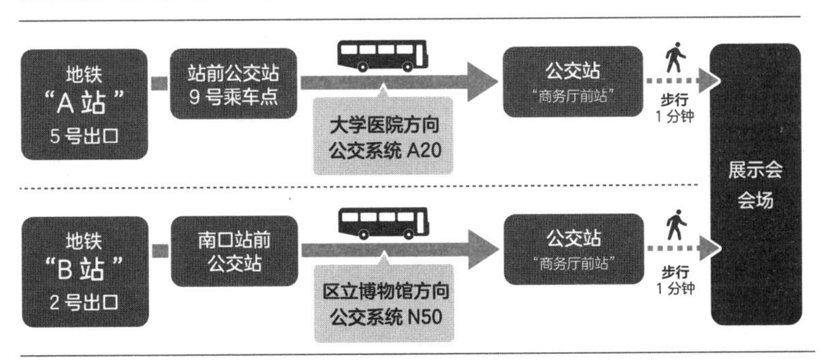

常见的失败案例

重视整体形象，统一箭头的形状

提高传达力的改善示例

箭头有 3 种功能。依据功能，改变形状区分使用

其实我们有很多使用箭头的机会，其用途也非常广泛，比如自己做笔记，抑或是制作说明材料等，都会用到箭头。但是，箭头的 3 个功能却鲜少有人了解。一旦将这 3 个功能混为一谈，就会变成“**失败案例**”那样。你应该也体会到了一种莫名的违和感吧。

那么，这 3 个功能具体是什么呢？

即**行为、关联、连续性。**

我这样说你可能还是不理解，但是如果能合理、恰当地依据这 3 个功能区别使用箭头，就能变成“**改善示例**”那样。接下来，让我们依次展开学习箭头的 3 个功能。

在案例中，实线箭头所表示的是“行为”，即将信件装入信封并投进邮筒等动作。

虚线箭头指代的是“关联”，箭头将名称与项目连接起来，发挥指示信息的功能。

“连续性”的作用在这两张图中都是由大粗箭头表示，代表从某个状态到另一个状态的时间性流动。

在使用箭头时，倘若能以目的为导向有所区别，就会有效梳理信息，使表达意图变得更加明确。

改善点

- 梳理图表中各个箭头的功能
- 不使用同一形状的箭头，依据功能改变箭头形状

失败案例

使用同一颜色、同一形状的箭头，会弱化图表的传达力

通过邮寄方式申请时

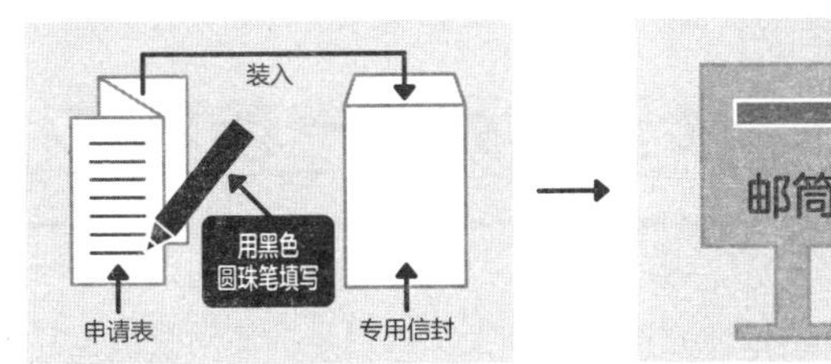

填写申请表

请将必要信息填写至申请表后，折成三折，并装入专用信封。

投进邮筒

无须粘贴邮票，直接将信封投入邮筒即可。

改善示例

依据功能区分使用箭头，箭头的含义就变得明确清晰

通过邮寄方式申请时

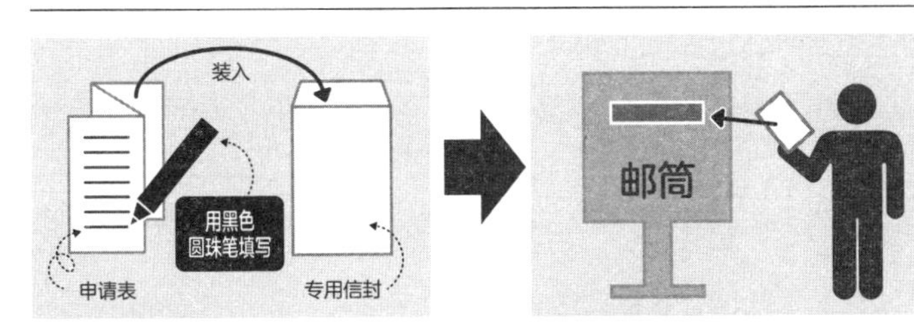

填写申请表

请将必要信息填写至申请表后，折成三折，并装入专用信封。

投进邮筒

无须粘贴邮票，直接将信封投入邮筒即可。

常见的失败案例

介绍步骤时，大胆地使用整个版面

提高传达力的改善示例

介绍步骤时，尽可能将各步骤排列成一条直线

在介绍步骤时，很多创作者都会用到箭头。但是，使用箭头也并不意味着信息就能很好地传递。

请大家观察“**失败案例**”。这张图用了6个箭头对步骤进行说明，从右上方开始蛇形排列到达右下方的终点。但是这项说明与这样特别的路线并没有必然联系。

一般情况下，如果是横向书写的资料，那么信息的排列理应是从左到右、自上而下，如果是纵向书写，那么应该是自上而下、从左到右。

一旦打破了这一基本动线，就会让对方产生困惑，甚至感觉到混乱，引发误解。

相关研究也已经表明，不规则的排列会妨碍读者对信息的理解。即使明确标注了数字，也不代表就可以凌驾于人们“由左至右”的思维习惯之上。所以，在介绍步骤时，还是要遵守普遍性的顺序，尽可能排列成一条直线。

请大家观察“**改善示例**”，这种将步骤自上而下排列成一条直线的排版，可以大大降低读者看错顺序的风险。

改善点

- 改进步骤说明的排版，删除蛇形横跨整个版面的排列
- 为了避免产生误解，将各步骤排列成一条直线

失败案例

容易混淆的排列方式，会导致信息说明变得复杂烦琐

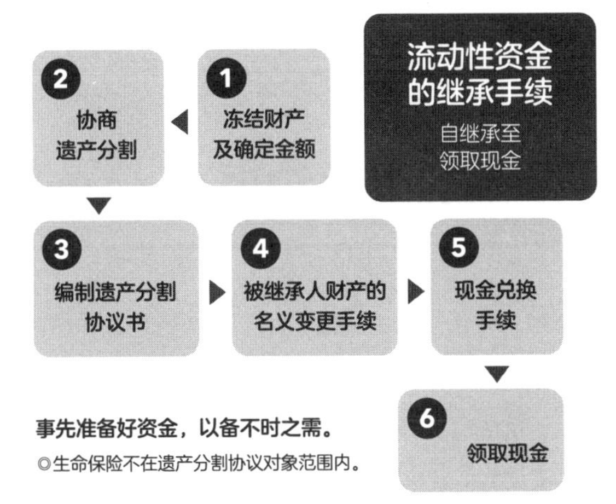

改善示例

排列成一条直线，即可简单明快地进行说明

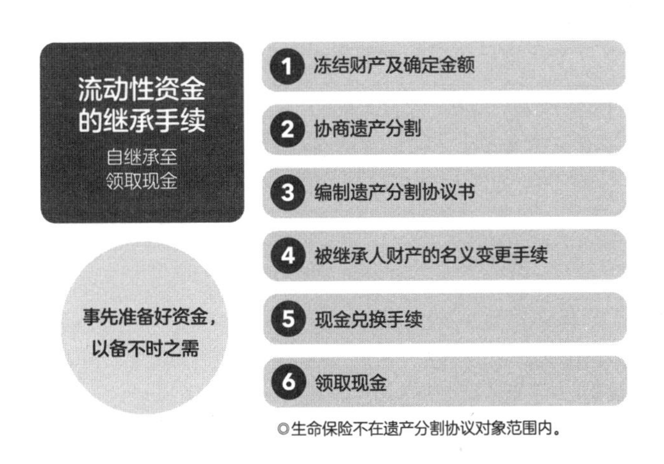

常见的失败案例

介绍步骤时，尽可能使用大箭头

提高传达力的改善示例

调整箭头形状，给各步骤加上粗边框

很多创作者都喜欢用巨大的平面三角形来代替箭头。你应该也见过很多类似于“**失败案例**”中的箭头吧。

但是，你应该也能感觉到，这种箭头其实并不适合指示方向。

因为这种箭头只有形状显眼突出，最关键的“方向”的存在感却极低。

箭头只有在强调前进方向时，才能帮助对方理解信息。

“**改善示例**”中使用的是最传统的箭头，比“**失败案例**”中的箭头要小很多。但是，倘若从“指明方向”这一作用来思考，可以看出传统箭头更能有效发挥这一作用。

“**改善示例**”还给各步骤都加上了粗线条的边框，如此一来每个步骤就变得更加明确，读者可瞬间掌握这 4 个步骤。在对步骤进行说明时，如何提升每个步骤的存在感是极为关键的。

希望大家不要遗忘箭头和边框的关键作用。

改善点

- 改用传统形式的箭头
- 用粗线条的方框围住每个步骤，强化各步骤的存在感

失败案例

各步骤间的界限模糊不清

如何制订经营计划

分析市场
- 分析市场规模
- 把握市场动向
- 掌握客户需求
- 分析竞争企业

分析自我
- 明确优劣势
- 分析经营情况
- 分析存在的问题

事业目标
- 确定事业方向
- 重新探讨事业领域
- 设定量化目标

行动计划
- 细化经营策略
- 明确实施方法

改善示例

用粗线条的边框和简明的箭头明确信息架构

如何制订经营计划

分析市场
- 分析市场规模
- 把握市场动向
- 掌握客户需求
- 分析竞争企业

→

分析自我
- 明确优劣势
- 分析经营情况
- 分析存在的问题

→

事业目标
- 确定事业方向
- 重新探讨事业领域
- 设定量化目标

→

行动计划
- 细化经营策略
- 明确实施方法

常见的失败案例

计划表以时间线为核心

提高传达力的改善示例

以读者最需要的信息为主轴

创作者们大多认为计划表以时间线为核心会更加清晰易懂。但有时并非如此。请看“**失败案例**”。

假设你是即将参加 2 级考试的考生，你认为这张图好理解吗?

只需思考一下现实中你是如何读取信息的，即可获得这个问题的答案。我想，假如你是考生的话，你想了解的并不是“这个月有哪个级别的考试”，而是“2 级考试在什么时候进行”吧。也就是说，你读取信息的切入点并不是“时间”，而是“级别”。

读者的思维顺序会成为制图过程中重要的参考意见。

“**改善示例**”正是以“级别”为主轴的图表。仅仅是这样一个简单的变化，整张表格给人的印象就截然不同了。

倘若要直观地掌握考试的频次，那么“**改善示例**”会更加贴切。一整年，各级别考试是如何规划安排的，一目了然。

但是，如果是给考官看的计划表，那么“**失败案例**”可能反倒会更合适一些，因为在那张表格中，重点信息不在于“级别”，而在于“时间”。

改善点

- 将核心由“时间”变为“级别”
- 为直观掌握考试的举办频次，明确了各月份有无考试安排

失败案例

一旦搞错了读者获取信息的思维顺序，就会在无形中增加读者的阅读负担

检定考试 实施时间

3 月：3 级、2 级

5 月：3 级

7 月：3 级、2 级

10 月：3 级

12 月：3 级、2 级、1 级

改善示例

只需调整基准项目，即可改善阅读体验

❶ 检定考试 实施时间

1 级	12 月
2 级	3 月、7 月、12 月
3 级	3 月、5 月、7 月、10 月、12 月

❷ 检定考试 实施时间

	3 月	5 月	7 月	10 月	12 月
1 级	–	–	–	–	○
2 级	○	–	○	–	○
3 级	○	○	○	○	○

常见的失败案例

将需要对比的数字放大以期做到清晰明了

提高传达力的改善示例

传达数量感时，可附上图标

要视觉化传达数量时，使用柱形图等方式是最佳选择，但是倘若要结合地图等图形要素进行说明，应该怎么办呢？

首先请大家观察“**失败案例**”，这是一张借助地图展示各地区人口数的图。虽然创作者意图通过数字来表示规模的大小，但总感觉有些不够直观，因为用数字直观地表示规模大小、数量级的大小还是比较有难度的。

当然，使用柱形图即可直观地呈现数值上的差异，但是在这种类型的图中却不适用。还有没有什么其他好办法呢？

请看“**改善示例**”。

这张图在展示各地区的人口规模时附上了图标。这样一来，就能直观地将数量传达给读者了。

如果能够像“**改善示例**”一样，灵活运用图标，那么即便信息分散在整个版面，也能非常清晰直观地传达出最大值、最小值等信息。

当这张图进入读者的视线时，就能高效传达仅凭数字难以直观表达的“差异大小”了。

改善点

- 为表示数量，不仅使用了数字，还附上了图标
- 在图标的排列方式上下功夫，方便读者计数

失败案例

数字很难直观把握量感

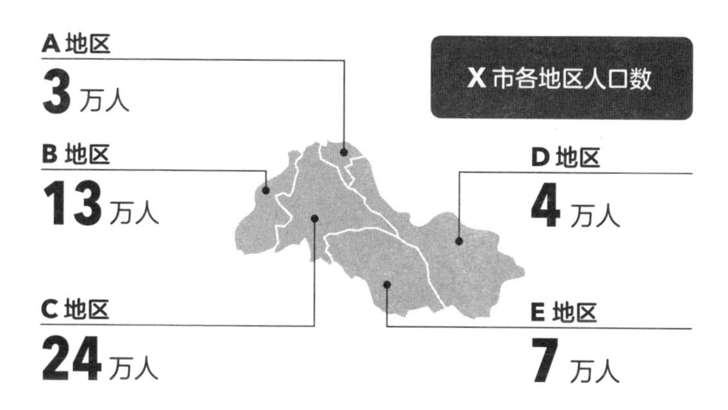

改善示例

借助图标表示数量，即可直观传达

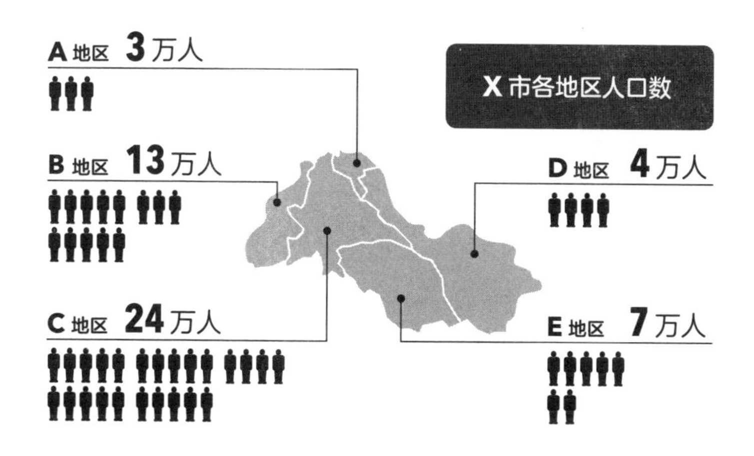

常见的失败案例

用钟表的形式呈现时间轴

提高传达力的改善示例

与其在图表外观上下功夫，不如将焦点放在“变化的数值”上

很多情况下创作者都会采用钟表的形式来说明时间线，但是在表现类似“**失败案例**”的主题时，这种方法或许就不太恰当。

首先，钟表的时针转一圈表示 12 小时，强行用来表示 24 小时，钟表的形式就会被破坏，原本 6 点应该在正下方，3 点应该在右方才对。

这些完全偏离了常规的认识，所以钟表的形象反倒成为疑惑和误解的源头。

其次，倘若信息的主题是各个时间段的费用差异，那么就应该更加直观地传达数量感。在尝试着解决这一课题的过程中，“**改善示例**”诞生了。

“**改善示例**”以时间轴为横坐标，以费用单价为纵坐标，并且用折线图的方式呈现单价上的差额，规模感、数量感就被直观地表现出来了。

图表外观是否发挥了它应有的功能？是否将焦点放在了信息主题上呢？

在制作图表的过程中，不断检查确认这些事项，就能找到解决问题的最佳对策。

改善点

- 将钟表形式的圆形时间轴改为水平线
- 用折线图表示费用差额，做到直观传达

失败案例

对比要素的量感难以掌握

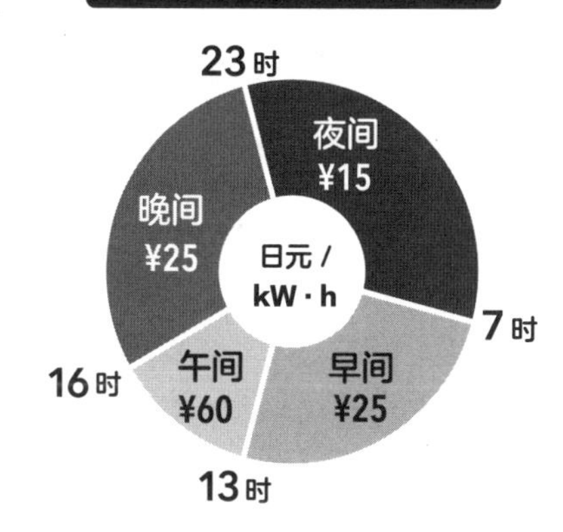

改善示例

将焦点放在对比要素上，即可把握差额的量感

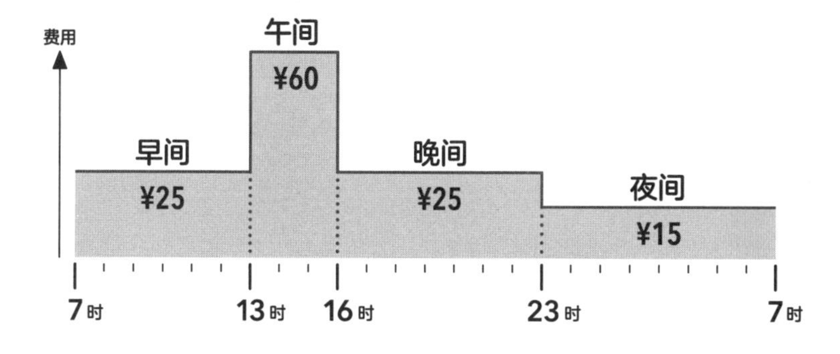

常见的失败案例

有共同项目的信息，一律采用一览表

提高传达力的改善示例

倘若无须对比或对比的重要性不高，可考虑单独呈现各个信息

当需要对多个共同信息进行对比时，用一览表呈现的效果是最好的。

但是，倘若信息对比并不重要，使用一览表只会给人一种乏味枯燥的印象。

请看“**失败案例**”，这是讲座信息的一览表。看内容就知道，这并不是需要进行严谨、细致对比的信息类型。这种情况下，一览表只会给读者留下其特有的乏味枯燥的印象，读者也很难记住其中的信息。

接下来，请看“**改善示例**”，将一览表分解后，独立呈现各个讲座的信息。首先，在信息排版的过程中，突出讲座名称及召开日期。读者可先从名称筛选自己感兴趣的主题讲座，然后再有针对性地深入了解详细信息。

在顺序和标记方法上保持一贯性，让读者在对比时也不会产生过多的困惑。

像这样把各个讲座以“商品”的感觉呈现，可轻松把握整体信息。

改善点

- 由一览表改为独立呈现各个项目
- 让标记方法保持一贯性

失败案例

对比的重要性较低时，一览表就会变得枯燥乏味

商务战略讲座

讲座	概要	时间	地点	名额	费用
市场营销	学习有效提高客户满意度，构建“营销机制”所需的理论知识。	5月27日（周五）19:00—21:00	会议室804A	24人	18 000日元（不含税）
金融	从投资理论和企业金融理论两个方面掌握金融的基础体系。	5月29日（周日）10:00—12:00	会议室1102C	30人	12 000日元（不含税）
会计	学习说明和解说相关的技能、信息公开方法论等会计知识。	6月12日（周日）10:00—12:00	会议室408F	30人	12 000日元（不含税）
人才管理	从经营目标和自我实现两方面，学习人才管理战略技能。	6月26日（周日）10:00—12:00	会议室408F	40人	12 000日元（不含税）

改善示例

单独呈现各项目，即可使整体信息变得一目了然

商务战略讲座

5/27 市场营销

学习有效提高客户满意度，
构建“营销机制”所需的理论知识

时间：5月27日（周五）19:00—21:00
费用：18 000日元（不含税）
名额：24人
地点：会议室804A

5/29 金融

从投资理论和企业金融理论
两个方面掌握金融的基础体系

时间：5月29日（周日）10:00—12:00
费用：12 000日元（不含税）
名额：30人
地点：会议室1102C

6/12 会计

学习说明和解说相关的技能、
信息公开方法论等会计知识

时间：6月12日（周日）10:00—12:00
费用：12 000日元（不含税）
名额：30人
地点：会议室408F

6/26 人才管理

从经营目标和自我实现两方面，
学习人才管理战略技能

时间：6月26日（周日）10:00—12:00
费用：12 000日元（不含税）
名额：40人
地点：会议室408F

常见的失败案例

为了单独呈现每个商品，有意不使用一览表

提高传达力的改善示例

有重要的对比项目，就使用一览表

正如前面介绍的那样，将各个商品单独呈现，可以使读者宏观地掌握整体信息，快速地对商品有一个具象的认识。但是，当信息对比的重要度较高时，就不能只把重点聚焦在个性上，还应利用一览表的功能，因为这样会更容易对比。

请大家观察"**失败案例**"。由于按照商品逐个区分、梳理信息，无形中增加了对比的烦琐度。尽管标示方法保持了一贯性，但每个信息都是独立的，很难实现横向对比。

下面来观察一下"**改善示例**"。所有项目排成一列，用一根手指滑过即可对比相应的信息。

一览表最大的优势就在于，可以避免遗漏和误解。

举例来说，当脑海中出现为什么这两个商品的价格差距如此之大时，任何人首先要做的，就是对比详细信息。

如果能瞬间了解差别在哪儿，那么也就能接受（抑或是不满）价格上的差距了吧。

反过来说，无论如何，读者都能获得做出判断所需的客观依据。

一旦对比变得烦琐，就会妨碍读者做出恰当、合理的判断。

改善点

- 由各自独立呈现的形态改为一览表
- 对排版进行调整，保证用一根手指滑过就能对比共同信息

失败案例

需对比的项目相对分散，会导致对比的难度增加

本公司最新款商用打印机系列机型

型号 MN-1600
费用（黑白打印1张）
3.2 日元
速度
43 张/分钟
费用（彩印1张）
16.2 日元
双面打印
可选

改善示例

将对比项目集中罗列，即可为读者对比信息提供便利

本公司最新款商用打印机系列机型

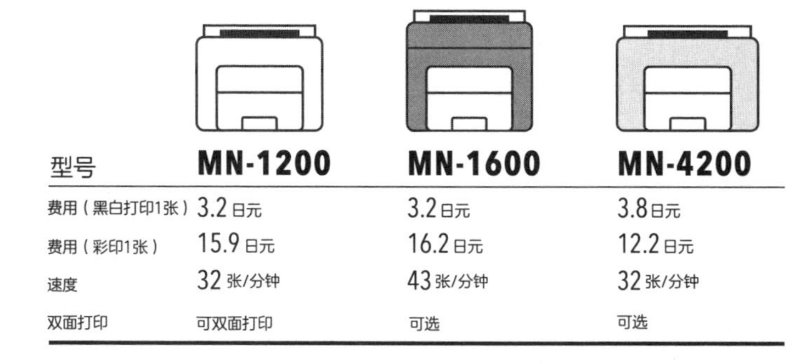

型号	MN-1200	MN-1600	MN-4200
费用（黑白打印1张）	3.2 日元	3.2 日元	3.8 日元
费用（彩印1张）	15.9 日元	16.2 日元	12.2 日元
速度	32 张/分钟	43 张/分钟	32 张/分钟
双面打印	可双面打印	可选	可选

常见的失败案例

使用插图时优先考虑感觉

提高传达力的改善示例

一定要确认脑海中浮现的要素是否真的恰当

在看演讲幻灯片或是宣传册时，我们经常会碰上那种不合乎常理的图表。请看“**失败案例**”。这张图展示了某个课题的判断标准，是基于实际例子制成的一张图。

你对这张图是什么看法呢？虽然并非完全理解不了创作者想要表达的意思，但应该会有种难以形容的不适感吧。

仔细观察就能发现好几个问题，比如面积比的问题，以及重合部分界限过于模糊等。

但是，这张图的根本问题在于“制图时过分依赖感觉”。

只要耐心思考，任何人都能发现这个问题，但制图者却对问题置若罔闻，这才是整幅图让人产生不适感的原因。也许很多人会拍着胸脯自信满满地说，“我就不会犯这种低级错误”。但是，“**失败案例**”恰恰是基于实际例子制成的，每个人都有出现这种问题的可能性。

反观“**改善示例**”，这是一张极其简单的图，但是只要这样区分，就不会产生任何误解。只要静下心来，就能想到这个方法。

做完图之后，空出一点时间来，一段时间过后再次确认，就能发现其中的问题点。

改善点

- 再次确认脑海中浮现的图表、要素是否恰当
- 调整呈现方式，消除模糊不清的部分

失败案例

仅凭感觉添加插图或要素，会让信息变得支离破碎

A 公司的投资方针、
判断依据及比重

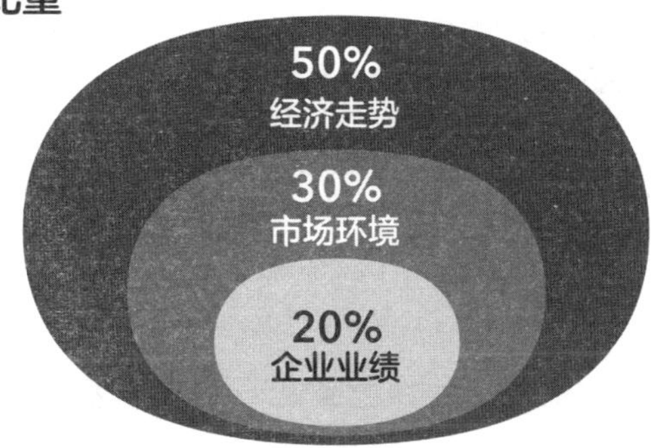

改善示例

梳理需要传达的内容，选择恰当的呈现方式

A 公司的投资方针、
判断依据及比重

常见的失败案例

简单的信息仅用文字传达

提高传达力的改善示例

在文字的基础上，适度地增加符号

请看“**失败案例**”，这是一张介绍营业时间的一览表。因为总结成了简短精练的文字，所以创作者往往会认为“这样应该足够清晰明了”。

但是，站在读者的角度来说，一眼看上去感觉全是一样的字。仅用文字呈现，无形中会造成难以区别具体含义的问题，而且这一问题出现的频次还是相当高的，所以一定要多加注意。即使文字形态有所区别，但只要字号和颜色是统一的，那么就很难迅速找出其中的差异。

再来看看“**改善示例**”，其有意弱化了文字的存在感，取而代之的是将符号放大。颜色和形态即可形成鲜明的对比，让读者迅速分辨其中的差别，如此一来，不用过于依赖文字，便可以直观地掌握相应的信息。

信息的接收方和提供方审视图表的理念和思维是不同的。

因为他们所拥有的背景知识和需要的信息并不对等。

在呈现区别和差异时，要尽可能突出不同点，最好让读者 0.5 秒就能看出其中的差异。

改善点

- 在文字的基础上增加了符号
- 为突出不同点，符号的颜色和形状要有明显区别

失败案例

有时，仅用文字说明会导致读者难以区别其中的不同点

关于元旦期间营业时间的通知

12/29	12/30	12/31	1/1	1/2	1/3	1/4
营业	营业	歇业	歇业	歇业	歇业	营业

改善示例

为突出不同点，适当地增加符号

关于元旦期间营业时间的通知

12/29	12/30	12/31	1/1	1/2	1/3	1/4
○	○	—	—	—	—	○
营业	营业	歇业	歇业	歇业	歇业	营业

常见的失败案例

在符号的形状上下功夫，尽力营造亲近感

提高传达力的改善示例

使用大众所熟知的、容易区分的符号

请大家先观察一下“**失败案例**”，可以看出创作者想要制作一张具有亲和力的图表，而这一意愿过于强烈，反倒让整幅图变得不易理解。

3 种类型的符号过于相似，一眼看上去根本无法辨别，读者必须仔细研究才能获取相应的信息，而且有造成理解偏差的可能性。努力营造亲近感固然重要，但不能以牺牲传达力为代价。

需要使用符号时，优先选用的应该是大众所熟知的、容易区分的符号。

再来看看“**改善示例**”，其使用的是日常生活中最为常见的符号，容易区分，即使不用明确标注各个符号所指代的含义，也能保证所有人都能理解。在看到“◎”时，你应该也知道它代表的是“兼容性最佳”吧。

但是，这里还有一点需要大家多注意，即“◎、○、△”等符号是日语中特有的东西，国外的读者可能会无法理解。

当读者是外国人，或制定面向海外的策略时，事先一定要确认你所使用的符号是否在国外也通用。

改善点

- 采用大众所熟知的符号
- 采用一眼就可区分的符号

失败案例

难以区别的符号容易造成理解偏差

信息管理系统的兼容性

😊 兼容性最佳
😐 兼容
😣 不兼容

	系统 V	系统 W	系统 X	系统 Y	系统 Z
系统 A	😐	😣	😊	😐	😐
系统 B	😐	😊	😣	😐	😣
系统 C	😐	😣	😐	😣	😊
系统 D	😊	😐	😣	😊	😣
系统 E	😊	😣	😐	😣	😐

改善示例

选择大众所熟知的、容易区分的符号

信息管理系统的兼容性

◎ 兼容性最佳
○ 兼容
– 不兼容

	系统 V	系统 W	系统 X	系统 Y	系统 Z
系统 A	○	–	◎	○	○
系统 B	○	◎	–	○	–
系统 C	○	–	○	–	◎
系统 D	◎	○	–	◎	–
系统 E	◎	–	○	–	○

常见的失败案例

在需要对照的信息中使用一些时尚的符号

提高传达力的改善示例

确保无须对照也能直接确认

在日常生活中，我们经常会见到很多需要参照符号才能确认相关信息的表现方式。

即，标注清楚“这个符号代表某意思”，然后每次都需要读者确认每个符号的含义。这种表现方式很常见，比如在地图中。

但是，这种对照对于读者来说就是个麻烦，也容易产生误解或理解偏差。

请大家观察一下“**失败案例**”，其用4种符号分别代表一种功能。由于符号本身并不带有任何含义，所以每次都要一一对照，读者的视线需要在列表和符号注解之间来回移动，才能理解创作者要传达的信息。

建议尽可能减少这种不必要的工序。

接下来，再看看“**改善示例**”，其将一览表放大，重新排版，读者可以直接掌握各项目相对应的功能，不需要对照各个符号的含义，也不需要借助某个中间媒介。

倘若能减少读者理解信息所耗费的精力，就能降低出现误解和混乱的风险。

改善点

- 放弃通过对照符号含义理解信息的方式，改用一张表涵盖所有信息
- 不仅明确标示各个项目具备哪些功能，其不具备的功能也很清楚

失败案例

需要对照符号含义的呈现方式不易理解

新系统的各项应用功能

系统 ST	ST6 Connect	▲ ■
	ST- N567	▲
	ST- Extra	■ ●
系统 B	NX-GR92	▼
	NX-HbB53	▼
	NX-GGQ	■
系统 C	RT-ZVN	●
	RT-Center	● ▼
	RT-SEC	● ▼

▲ 图像处理
■ 文档管理
▼ App管理
● 网络信息管理

改善示例

无须对照、可直接确认信息的呈现方式就不会造成理解偏差

新系统的各项应用功能

		图像处理	文档管理	App管理	网络信息管理
系统 ST	ST6 Connect	●	●	—	—
	ST- N567	●	—	—	—
	ST- Extra	—	●	—	●
系统 B	NX-GR92	—	—	●	—
	NX-HbB53	—	—	●	—
	NX-GGQ	—	●	—	—
系统 C	RT-ZVN	—	—	—	●
	RT-Center	—	—	●	●
	RT-SEC	—	—	●	●

常见的失败案例

数值一览表中的数字全部左对齐，看起来整齐有序

提高传达力的改善示例

以数字右对齐、单位左对齐为原则

对一览表中的数字进行排版时，有一个必须严格遵守的原则。即，数字与单位的位置关系。

请大家观察“**失败案例**”。图中的数字全部靠左对齐，大家在阅读时应该体会到了些许不便，而导致这种不便的原因恰恰在于数字与单位的位置关系。

再来看看“**改善示例**”，信息内容与“**失败案例**”完全一致，但是可读性有了明显提升，想必你也对这一点深有同感。

这两张图有两处区别。

即，**数字靠右对齐，单位靠左对齐。**

换句话说，数字与单位以中间的空格为轴，呈对称关系。

由于我们习惯于将数字靠右对齐进行对比，所以将单位和数字分开会更便于理解。

与此同时，数量单位与常规的文字保持一致，靠左对齐也是极为重要的。

虽然是非常细节的东西，但也有很多人会在不经意间出现疏漏。

所以，在制作数值表时，一定要仔细确认数字与单位的位置关系。

改善点

- 将数字改为右对齐
- 将单位改为左对齐

失败案例

一旦在数字的排版上出现误差，就会降低图表的可读性

A 地区林产物产量

舞茸	800 t
松茸	50 t
栗子	3000 t
核桃	70 t
竹笋	13 700 t
木炭	3500 t
生漆	450 kg
泡桐	1400 m³

改善示例

严格遵守数字与单位的位置关系原则，即可有效提升可读性

A地区林产物产量

舞茸	800	t
松茸	50	t
栗子	3000	t
核桃	70	t
竹笋	13 700	t
木炭	3500	t
生漆	450	kg
泡桐	1400	m³

常见的失败案例

将共同信息的位置随意摆放

提高传达力的改善示例

将共同信息放在它应该在的位置上

请大家观察“**失败案例**”。你能看明白“可微波加热”这句话对应的是哪个商品吗?

我想，你的答案可能是，这3个商品都具备可微波加热的功能，也许你的依据是3个商品使用的材料完全一致，只有尺寸有所区别，不会只有尺寸最小的商品具备这个功能吧。

但是,“不会……吧”正是值得推敲的部分，原因在于，读者心里还有一丝不确定，没有百分之百的自信断言自己的想法就是正确的。假设你要购买真空保鲜盒，你应该想明确知道是不是所有商品都可以微波加热。

再来看看“**改善示例**”。“**改善示例**”将“可微波加热”的位置进行了调整。

最明显的改进是，将“可微波加热”这几个字放在了谁看了都不会产生误解的位置上。

明确哪个信息属于哪里，会对读者理解信息产生极大的影响。

希望大家能够时常关注到这一点。

改善点

- 明确信息的对应范围，调整文字的放置位置
- 调整边框的粗细，明确区分“内和外”

失败案例

信息的对应范围不明确，会让读者感到不安

真空保鲜盒 浅口“纤细”系列

N-235-1	N-235-2	N-235-3
W208×D145×H44mm	W252×D188×H48mm	W290×D228×H57mm
聚酯纤维	聚酯纤维	聚酯纤维
0.8 L	1.4 L	2.4 L
−20℃～120℃	−20℃～120℃	−20℃～120℃
可微波加热		

改善示例

只需在放置位置上下点功夫，即可消除读者的不安

真空保鲜盒 浅口“纤细”系列 可微波加热

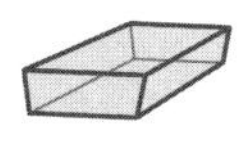

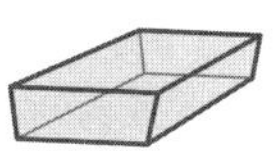

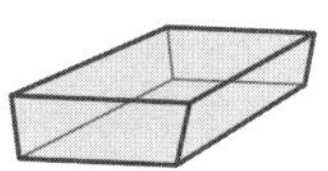

N-235-1	N-235-2	N-235-3
W208×D145×H44mm	W252×D188×H48mm	W290×D228×H57mm
聚酯纤维	聚酯纤维	聚酯纤维
0.8 L	1.4 L	2.4 L
−20℃～120℃	−20℃～120℃	−20℃～120℃

常见的失败案例

在表示范围的一览表中使用分割线，看起来整齐有序

提高传达力的改善示例

为明确区分范围，在颜色的深浅上有所区别

很多表示范围的一览表都会巧妙利用分割线，但是，有时倘若只是单纯地使用分割线，那么要从图中区分相应的范围是很困难的。

请大家观察“**失败案例**”，这是一张表示时间范围的一览表。因为只用到了分割线，所以给人一种很整齐的感觉，但同时也给人留下时间界限不清晰、范围不明确的印象。这是为什么呢？

因为没有视觉化直观地表现出范围。

那么，再来看看“**改善示例**”，相邻的两个时间段使用了不同的底色。

只需如此简单的调整，时间范围一下子变得清晰明确了，不是吗？

一般来说，以长条状表示的范围如果能用不同颜色或同种颜色不同深浅进行区隔，就会变得容易区分。比如，相邻的两个时间段采用不同的色调。这个方法不会受到颜色的制约，即便遇到黑白印刷等情形，也能明显区分。

另外，这张图下半部分的计划错综复杂，所以在表格底端也加上了刻度，如此能未雨绸缪，避免信息与刻度间的距离太远导致读者看错。

改善点

- 在边框的基础上，借助色调的深浅区分时间范围
- 图表下半部分的计划比上半部分更加错综复杂，所以在表格底端也增加了刻度

失败案例

仅用细边框进行区分，导致时间范围不清晰

各活动展台各时间段负责人一览表

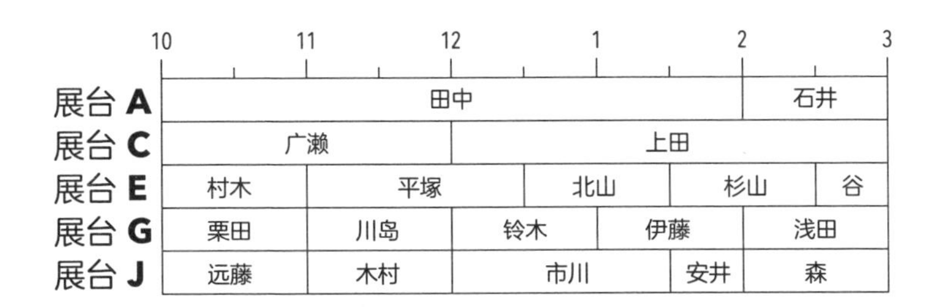

改善示例

调整底色深浅，增加刻度后，时间范围变得清晰明了

各活动展台各时间段负责人一览表

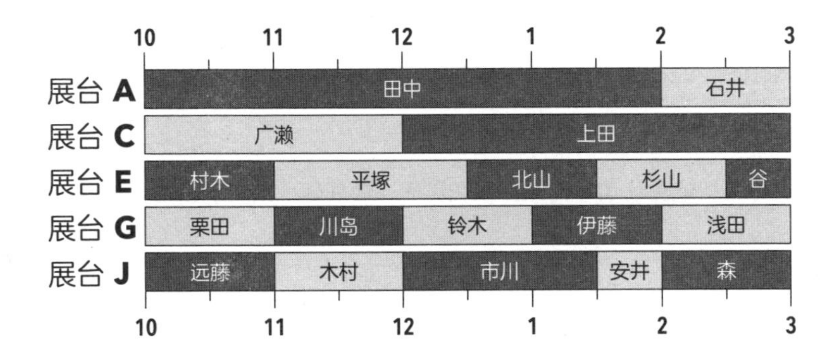

常见的失败案例

图表的图例排版追求整齐和美观

提高传达力的改善示例

不需要图例，直接标注在图表上

你应该也见过很多图例排列整齐的图表吧。

一眼看上去，给人一种整齐、美观的感觉。但事实上，那种图表大多都晦涩难懂。要对照着不同颜色的图例去理解图表，本身就会耗费很多精力。

甚至会出现对应不上的情况，因为微妙的颜色差异和深浅，很难区分。

“**失败案例**”就是典型的例子，这张图的特征在于将图例单独列在饼状图的右侧。如此一来，有人在对照企业名称和占比时出现错误也不足为奇了。这种造成理解偏差的图表可以说是非常致命的。

紧接着再看看“**改善示例**”。假设这张图表的主题是“当前本公司的市场占有率”，为了强调本公司的比重，所以使用较深的颜色，并直接标注了名称和数值。当然，其他公司的名称也在图中有相应的标注。

这样，读者就不再需要对照图例和饼状图的颜色，也就不会出现理解偏差了。

尽可能避免让读者对照图例和图表，做到这一点就能提高传达力。

改善点

- 不将图例与图表分离开来，而是直接将图例标注在图表上
- 仅突出强调想要传达的部分

失败案例

一旦将图例与图表本身分离开来，就难以准确对照

产品的市场份额占有率

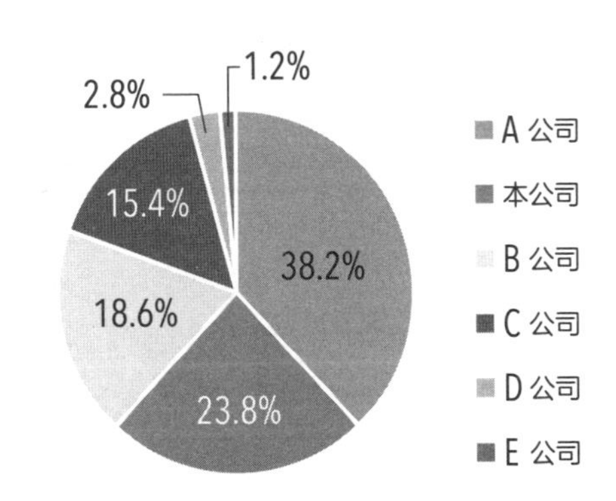

改善示例

直接将图例标注在图表上，即可提升传达力

产品的市场份额占有率

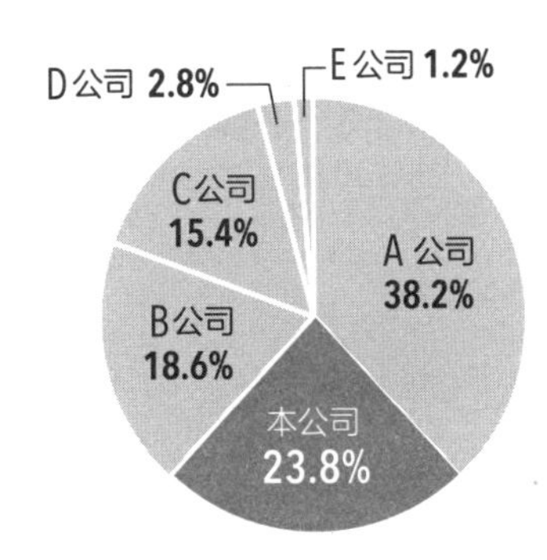

常见的失败案例

通过圆的面积大小表示规模大小

提高传达力的改善示例

用柱形图表示规模，而非圆的大小

在对比规模大小时，有的创作者会选择用圆的大小来呈现，由于酷似泡沫的形状，所以被称为“气泡图”（bubble chart）。这个名字可能并不为大众所熟知，但想必有很多人都见过类似的图表。

首先请看“**失败案例**”，这是一张借助气泡图呈现产业规模的图表。

虽然能大致有个“大”或者“小”的模糊认识，但如果没有标注具体数字的话，就完全无法得知差距究竟有多大。没有数字就无法得知差异大小的图表，可以说是可有可无。

其次，请看“**改善示例**”，这是一张柱形图，从图中可以立即获取到很多信息，比如半导体产业的销售额是家电产业的2倍多，而产业系统的销售额则是家电产业的1.5倍以上。

用气泡图进行简单的数值对比，只会让信息变得含混不清。

表示规模时，优先考虑柱形图。也许看上去的确有些朴素，但正因如此才会有效提高读者的理解度。

改善点

- 由气泡图改为柱形图
- 通过改用柱形图，信息变得直观、具体，更易理解

失败案例

用圆的面积大小无法进行数值对比

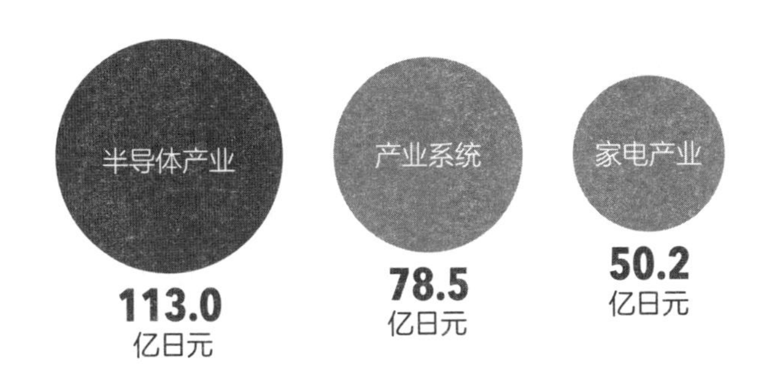

改善示例

改用柱形图后，差距大小一目了然

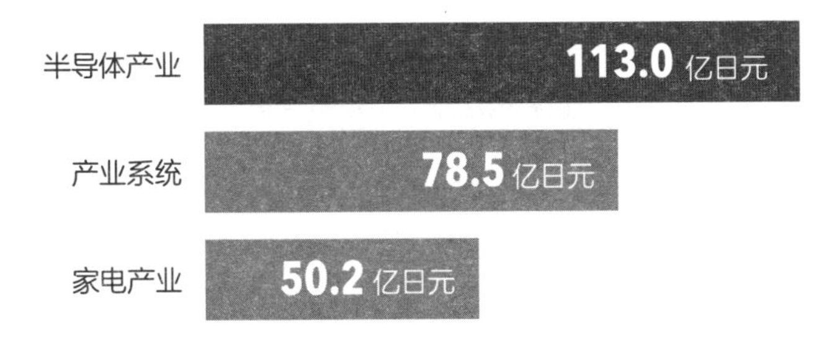

常见的失败案例

用柱形图呈现多个数值的增长

提高传达力的改善示例

不同时传达多个事项，尽可能简化需要传达的信息

用柱形图呈现多个数值的增长，往往会让人难以理解，因为难以明确主题究竟是什么。

请大家观察一下“**失败案例**”中的图表。读者根本看不出来创作者到底要表达哪家公司的什么信息，只能看到所有公司都有增长，其中还有个别公司的增长幅度较为突出……

如果在读图的时候，出现了多样化的理解结果，那么就代表这张图容易产生误解。

所以，我们必须集中注意力，尽可能缩小主题范围，并强化主题。

下面让我们再来观察一下“**改善示例**”，这张图以“A 公司的增长”为主题。如此一来，和 B～E 公司相比，A 公司增速更快、增幅更大就变得突出了很多。假设以“A 公司的增长”为主题，那么即使其他公司的增长曲线有重合或交叉，也不会造成什么太大的问题。

确定主题，并选择可以明确诠释这一主题的图表。

然后，再想办法让读者的注意力集中到主题上。

改善点

- 为了明确表达主题，由柱形图改为折线图
- 为了更加突出主题，加粗相应的曲线

失败案例

用柱形图呈现多个数值的趋势，会变得不易理解

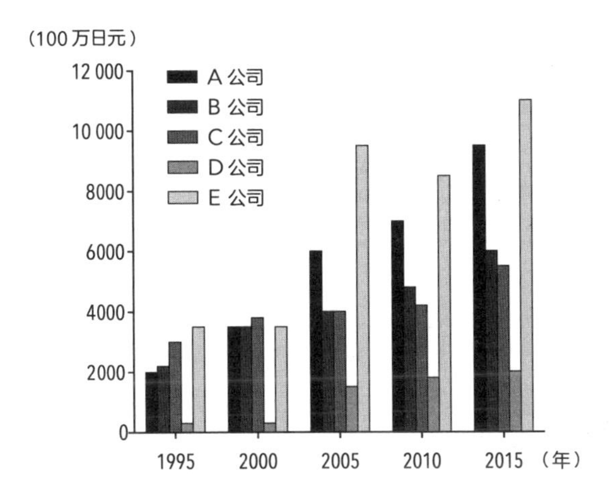

改善示例

要想简明扼要地传达变化趋势，就使用折线图

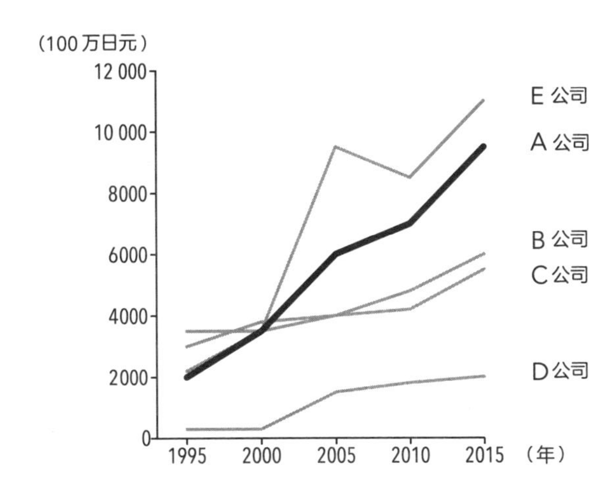

常见的失败案例

用立体饼状图增强影响力

提高传达力的改善示例

使用平面饼状图，坚决不使用立体图

也许大家认为立体图能给人留下深刻印象，所以也可以提升资料的说服力。

但是，我的建议是坚决不要使用立体图，因为容易造成读者的理解偏差。请大家观察“**失败案例**”，你能看出“21～30 岁”和“31～40 岁”中，哪一个群体的比重更大吗？

正确答案是，“21～30 岁”。但是，在读图时，很有可能会将圆柱的侧面也计入“31～40 岁”，所以给人一种比重大于“21～30 岁”的错觉。

如果是“**改善示例**”中的平面图，就不会出现这种问题。

有人还会“巧妙”地利用这一特点，特意采用立体图，专门把想要传达的信息放在前面。

但是，这种小伎俩只会增加读者的防范意识，读者不仅不会上当，还会觉得反感。

不仅是立体的饼状图，我们还经常见到立体的柱形图，这些图都很难准确表达数值，只会给人留下模糊不清的印象。

所以，请大家切勿效仿。

改善点

- 由立体图改为平面图
- 对需要特别强调部分的颜色、字号等做了调整

失败案例

立体图会扭曲整幅图给读者的印象

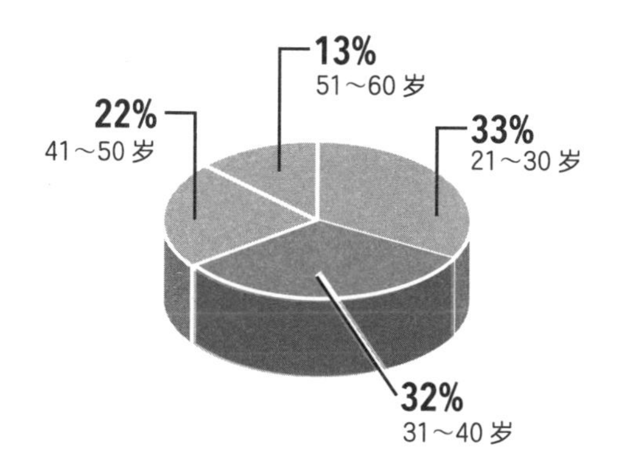

改善示例

平面图更有助于准确理解信息

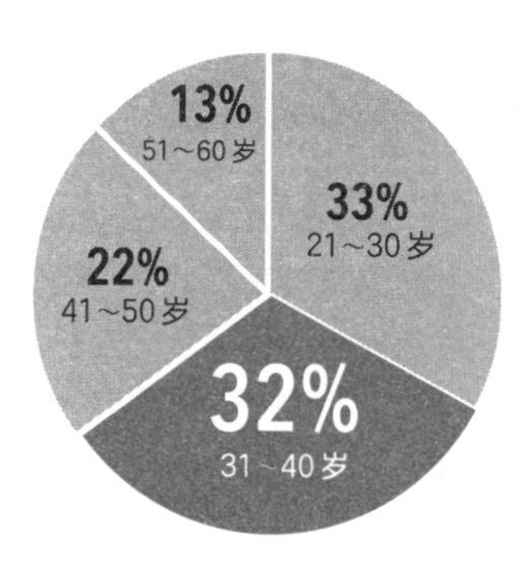

常见的失败案例

用立体柱形图营造一种先进、前卫的氛围

提高传达力的改善示例

使用平面柱形图，准确地传达数值

立体柱形图会让数值变得模糊。比如类似“**失败案例**”的图表，图表中数值的解读因人而异。正如立体饼状图（参照上一页）存在的问题一样，立体柱形图给读者留下的印象可能与实际数值并不相符。

所以，请大家千万不要使用立体图。

而且，从视觉设计的角度来看，这种程度的立体图并不会营造出先进、前卫的氛围。

创作者做立体图费时费力，还会给读者造成困扰。换句话说，无论是对创作者来说，还是对读者来说，使用这种图都没有任何优势。

下面来看看“**改善示例**”，这是一张很普通的平面柱形图，但是对于那些想要客观公正地确认信息的读者来说，这张图非常清晰明了，因为根本不需要任何过多的解释。

在此基础上，具体的数值也直接标注在图中。如果担心读者看图时对照纵坐标的刻度会导致读取的数值出现偏差，那么直接将数值标在图上，就可以避免这个问题。

改善点

- 由立体图改为平面图
- 将具体的数值直接标注在图中相应的位置

失败案例

立体的柱形图会让数值变得模糊不清

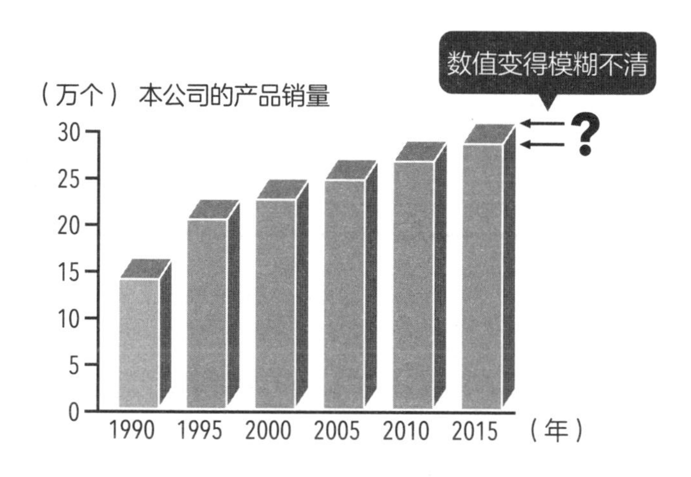

改善示例

用平面柱形图，将数值直接标注在图上

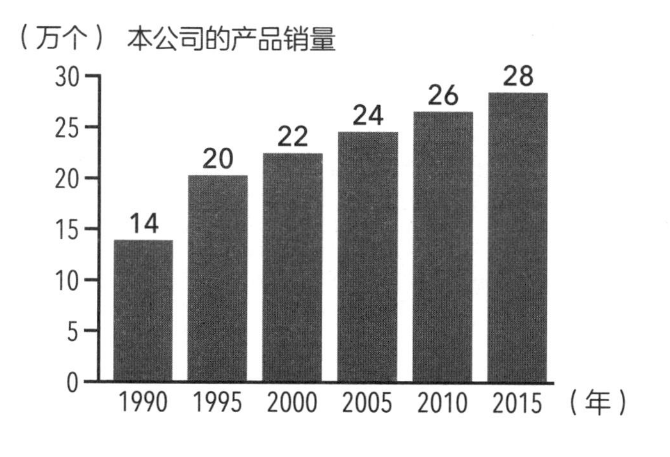

常见的失败案例

将折线图与柱形图结合在一起形成组合图，以此来强调相关性

提高传达力的改善示例

避免使用组合图，即使不组合也能表达数值间的关系

我们每天都会看到借助折线图与柱形图相互结合来表达数值间关系的图表。但事实上，图表不重叠才更具传达力。

请看“**失败案例**”。每次看到这种类型的图表都会让人心生疑惑，到底该看哪一侧的刻度，这一点总让人费解。

有两个刻度就会变得烦琐，而这两个刻度又会妨碍读者读取信息。那么，真的有必要把两种类型的图表结合在一起吗？

之所以会这样说，是因为左右两个纵坐标的刻度是可以由创作者随意变更的，这种图原本就做得很随意。事实上，很少有那种不组合呈现就会失掉正确性的情形。

请大家观察一下“**改善示例**”，其将折线图和柱形图上下割离开来，即便如此也能充分理解两张图之间的关系，而且不组合在一起后，整幅图都变得简洁了许多，也就可以直接将数字标注在曲线和数据柱上了。

这样一来，读者就不用在左右两边的刻度之间徘徊了。

改善点

- 将折线图和柱形图分开呈现
- 将数值直接标注在曲线和数据柱上

失败案例

两个图表结合在一起同时呈现时，会导致刻度复杂难懂

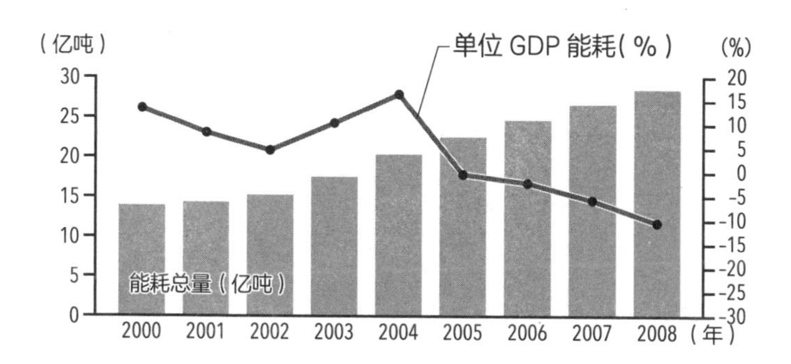

改善示例

不用将两个图表结合在一起，也能传达数值间的关系

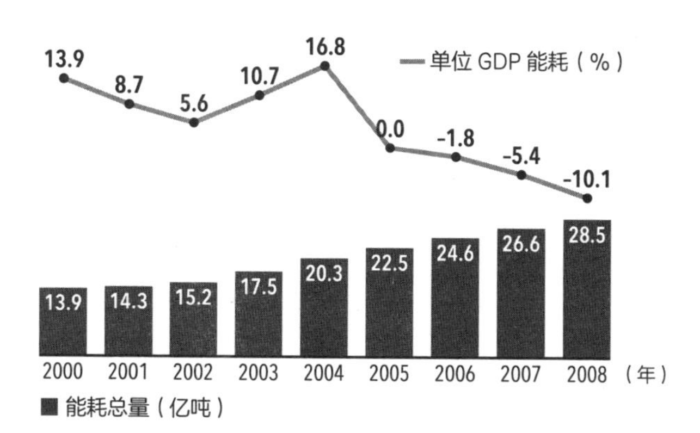

常见的失败案例

分离型柱形图中相邻的两个数据柱选用不同的底色

提高传达力的改善示例

在诠释宏观趋势时，特意使用同一颜色

当需要对多个分离型柱形图进行对比时，要有效地利用各部分的颜色，明确地传达主题。无论是彩色还是黑白，借助颜色和深浅使数据形成“集合”，可以直观地诠释整体趋势。

首先，请看“**失败案例**”。相邻的两个数据柱使用了不同颜色，形成了鲜明的对比。虽然各部分的数值变得清晰明快，但整体趋势却被弱化了。

其次，看看“**改善示例**”，假设主题是“直观诠释哪个文创产品受欢迎，哪个不受欢迎”。

这张图中部分相邻的两个数据柱用的是同一颜色。但是，这样却能够一目了然，左边是“正面评价（非常满意、满意）”，右边是“负面评价（不满意、非常不满意）”。

假若能像示例中那样灵活运用颜色及深浅，就能让之前被隐藏起来的整体趋势变得清晰明了。

改善点

- 将注意力集中到“正面评价”和“负面评价”
- 相邻的两个数据柱涂上同一颜色，以此来突出整体趋势

失败案例

各数值简单明快，但看不出整体趋势

新款文创产品满意度调查结果

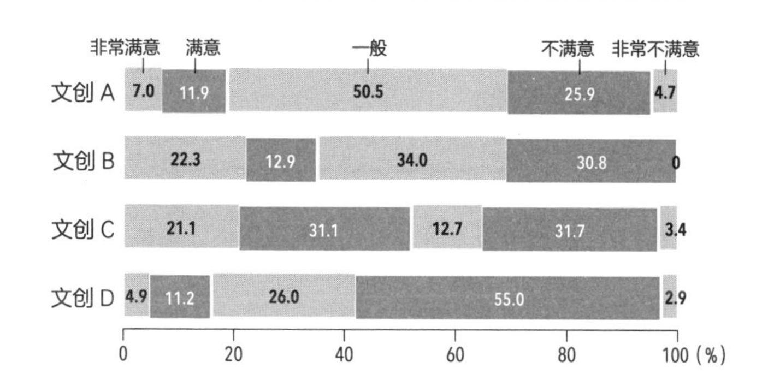

改善示例

借助颜色和深浅，即可同步传达整体趋势

新款文创产品满意度调查结果

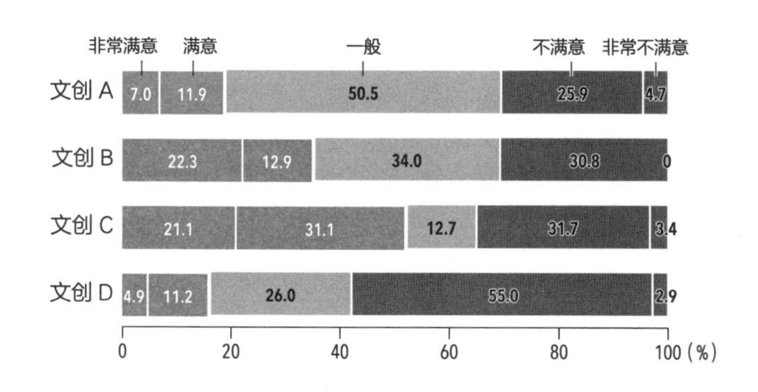

常见的失败案例

将手头的数据一五一十地全部呈现

提高传达力的改善示例

为了优先诠释主题，调整信息量

如果将拥有的数据全部原原本本、一五一十地呈现出来，会让主题变得模糊不清。

因为一些非必要的琐碎信息会成为诠释主题时的绊脚石。

请看“**失败案例**”。这幅图要表达的主题是A国的进口贸易伙伴正由发达工业国转变为发展中国家，仔细看看也能看明白。

但是，还没有做到真正的“一目了然”，十几个国家的名称摆在图上，说实话真的有必要吗？如果仅仅只是要表达“商品进口国由发达工业国家变为发展中国家”这一事实的话，那么可以制作出更加简洁明了的图表。

下面请看“**改善示例1**”，其将要素整合成了3类，即“发展中国家、发达工业国、其他”，用最少的信息来诠释主题。如果还要再简化，也可以考虑类似“**改善示例2**”的图表。

要学会根据主题内容灵活应对，当不需要详细说明时，那些准确细致的数据反倒会成为诠释主题过程中的绊脚石，这一点希望大家多加留心。

改善点

- 对信息进行汇总整合，将信息量控制在最低限度，突出主题
- 仅对必要的数据进行图表化

失败案例

准确细致的数据有时反倒会成为障碍

A 国的进口贸易伙伴
正由发达工业国转变为发展中国家

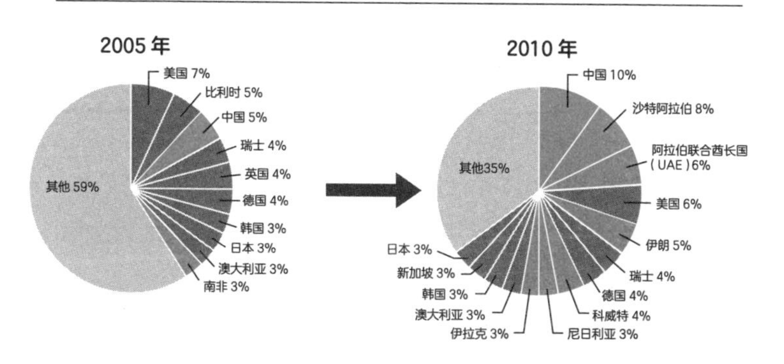

改善示例

仅呈现必要信息，图表就会变得简洁明了

1

A 国的进口贸易伙伴
正由发达工业国转变为发展中国家

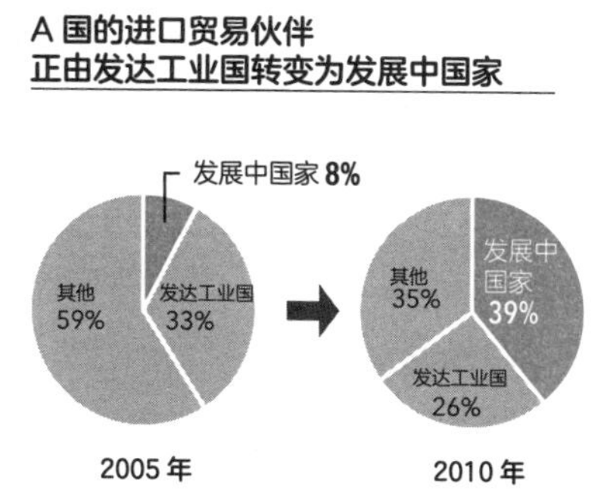

2

A 国的进口贸易伙伴中
发展中国家的比重激增

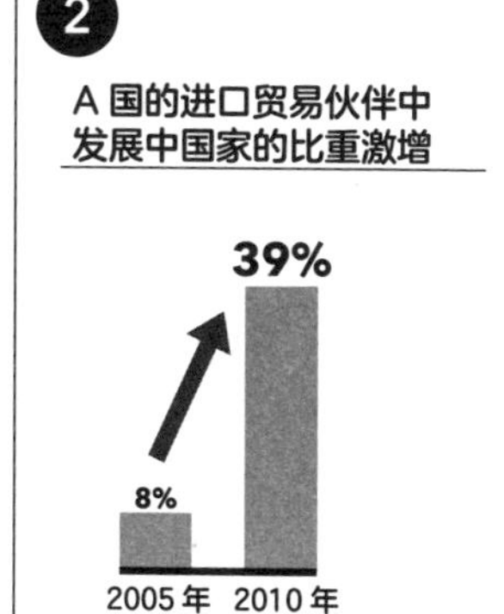

常见的失败案例

总是习惯于将时间线从左至右排列

提高传达力的改善示例

在数值一览表中，将需要对比的数字纵向罗列

在做折线图和柱形图时，几乎所有的创作者都会将时间轴作为横坐标，因此在做数值一览表的时候，大多数人也就自然而然地认为时间轴应该横向排列，但是这种做法并不能说是绝对正确的。

因为比起横向罗列，纵向罗列的数值更易对比。

本书从第 119 页开始对数值一览表有详细的介绍，时间允许的话，请一定要再回头复习一下。

一览表中，将需要读者进行对比的数值纵向罗列。换句话说，究竟是该横向罗列还是纵向罗列，依据主题判断即可。

请看“**失败案例**”，时间轴设置为横向，但是需要阐释的主题与时间变化有关，这就意味着表现手法和主题不吻合。

如果能像“**改善示例**”那样排版，读者就能轻易确认每个行业在不同时间下的具体情况。

数值一览表本身就很难做到直观表达。情况允许的话，采用折线图或柱形图呈现效果应该会更好，当然，选用哪一种图表还是要严格依据主题判断。

改善点

- 重新审视究竟希望读者对比哪些数值
- 为强调时期的变化，将一览表的横轴和纵轴对调

失败案例

将想要对比的数字横向罗列，就会变得不好理解

面向法人的价格指数变化情况

依据总务省统计局（2008）年数据编制

	2000 年	2003 年	2004 年	2005 年	2006 年
金融保险	100	98.4	97.8	97.6	**98.0**
不动产	100	95.3	92.5	90.8	**90.2**
物流	100	100.8	103.4	103.8	**104.9**
通信广播	100	88.5	87.2	86.2	**85.7**
广告	100	96.9	97.5	97.8	**96.6**

改善示例

将数字纵向罗列，即可轻松把握变化情况

面向法人的价格指数变化情况

	金融保险	不动产	物流	通信广播	广告
2000 年	100	100	100	100	100
2003 年	98.4	95.3	100.8	88.5	96.9
2004 年	97.8	92.5	103.4	87.2	97.5
2005 年	97.6	90.8	103.8	86.2	97.8
2006 年	**98.0**	**90.2**	**104.9**	**85.7**	**96.6**

依据总务省统计局（2008）年数据编制。

常见的失败案例

能图表化的信息全都用图表形式呈现

提高传达力的改善示例

细微的数值变化用数值一览表呈现

有时我们会遇到一组信息中同时存在多组数据，有的波动较大，有的非常稳定。面对这种情况，绝大多数人都会将目光集中在波动较大的数值变化上，很少有人会关注到平稳推移的数据。

请大家观察“**失败案例**”。A 地区的数值过于突出，导致 B 地区和 C 地区的数值变化几乎没有任何存在感。当然，如果要诠释的信息主题是“A 地区的变化”，那么这张图也没有什么问题。

但是，假设要强调的主题是“由于地区 C 的销售额逐年降低，所以建议尽早退出市场”，那这个图能否充分全面地诠释这一主题呢？我想，单纯只看这张图，应该很难从中获取这个信息吧。

而“**改善示例**”则用数值一览表代替了原来的折线图，可以清晰地看出，随着时间的变化，数值逐渐变小。

有时，用数值一览表补充信息，反而更容易理解。

希望大家能始终牢记这一点。

改善点

- 在折线图的基础上增加数值一览表
- 在数值一览表中，着重突出与主题相关联的数值

失败案例

有时用图表的形式呈现，反倒会弱化数值变化的存在感

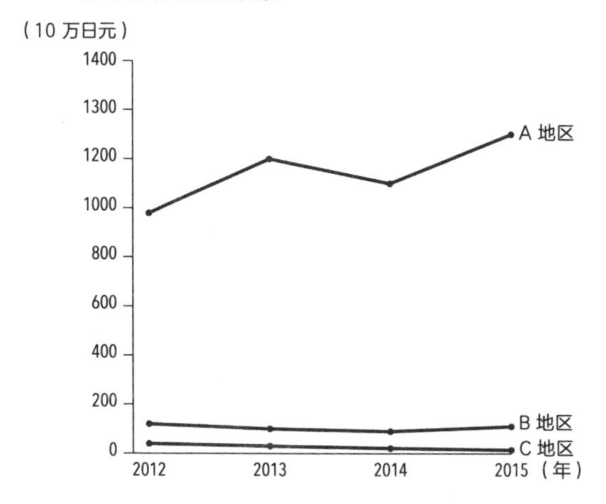

改善示例

有时直接使用数值一览表，可能会让变化更突出

各地区销售额的变化 （10 万日元）

	A 地区	B 地区	C 地区
2012 年	980	120	**40**
2013 年	1200	100	**30**
2014 年	1100	90	**20**
2015 年	1300	110	**15**

常见的失败案例

在表示占比情况时首选饼状图

提高传达力的改善示例

选择能让读者快速理解的形式

只要选择了合适的形式，就能轻易传达相应的信息。但是，倘若使用了其他的形式，就有可能既费功夫，又收效甚微。

请大家观察一下“**失败案例**”，这是一张说明满意度调查结果的图表。面对这类信息，读者感兴趣的是“满意与不满意”的比重关系，但是，这张图恰恰缺少的就是这个信息点。

读者在看到“基本满意”占据图表的半壁江山后，首先会感到困惑，其次仔细观察整幅图才会理解其中含义，再次会非常失望地感叹道，“什么啊，基本满意的比重最大啊”，最后将这张图撇到一边。一旦从比重最大的项目开始罗列，就无法摆脱这种评价。

接下来看看“**改善示例**”，形式改为分离型柱形图，从正面评价开始排列，所以一眼就能掌握问卷调查的整体情况，也容易看出“正面积极的评价占 6 成以上”。

这个示例告诉我们，有时只需变更图表的形式，就能让创作者的意图变得清晰明了。

改善点

- 由饼状图改为分离型柱形图
- 将正面积极的评价整合起来展示

失败案例

容易给读者留下消极印象的图表

问卷调查结果分析

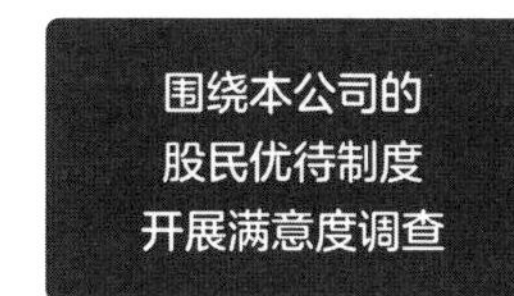

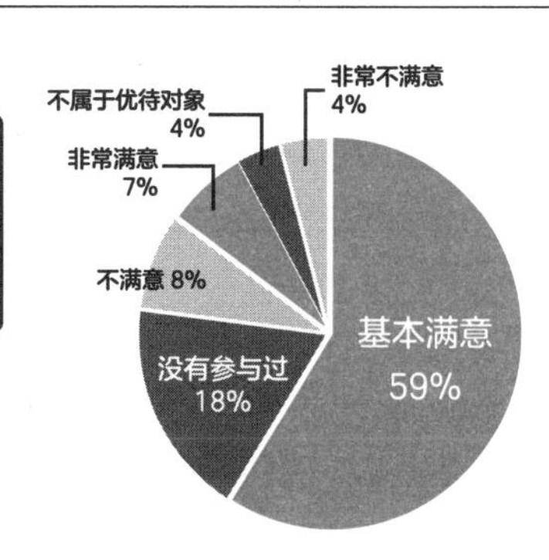

改善示例

读者可以自然而然地明白创作者意图的图表

问卷调查结果分析

围绕本公司的股民优待制度开展满意度调查

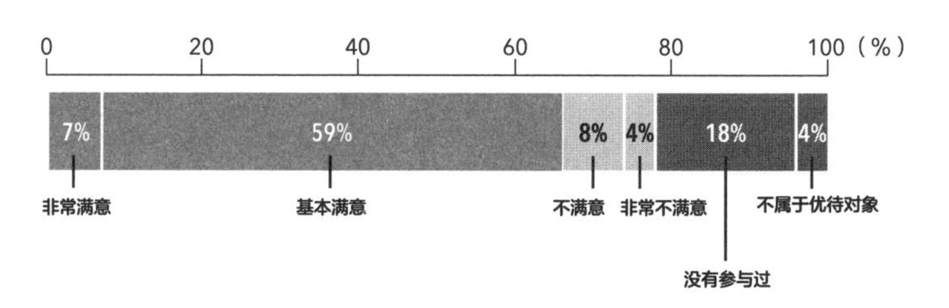

常见的失败案例

为强调主题，放大部分图表

提高传达力的改善示例

不在尺寸上动手脚，根据主题增加相应的图表

请大家观察一下“**失败案例**”，这看上去是一张很有技巧的图表，充满了理性的质感。

但是，它想表达的主题究竟是什么呢？

有三种可能性：1. 对比国内销售额与国外销售总额的规模大小；2. 对比国内销售额与国外某个地区的销售额；3. 对比国外各地区的销售额。有多种诠释可能，主题就会变得模糊不清。

除此之外，这张图的另一个问题点在于，明明是对比面积大小的图表，却在重点部分的面积大小上“动了手脚”，导致数据变得扭曲。

“**改善示例 1**”将主题进行了梳理。先在左侧进行国内外销售额的对比，然后在右侧展示国外各地区间的对比，这里着重突出了“亚洲的销售额”。

“**改善示例 2**”对比了国内与国外各地区间的销售额，可以宏观把握全球销售额。

信息的主题不同，选择的图表及呈现方式也会有所不同。

如果有多个主题，那么可以像“改善示例”那样补充相应的图表，如此就能清晰准确地传达信息。

改善点

- 由特殊变形的饼状图改为常规的饼状图
- 为了诠释另一主题，增加了分离型柱形图

失败案例

在饼状图的面积上动手脚，数据就会变形

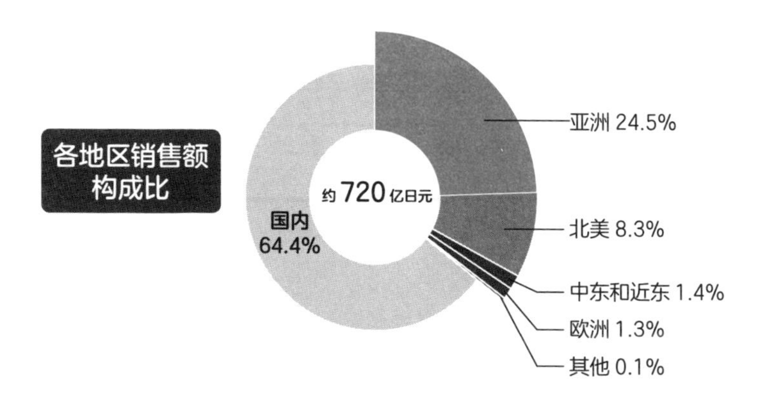

改善示例

当存在多个主题时，选择分别传达

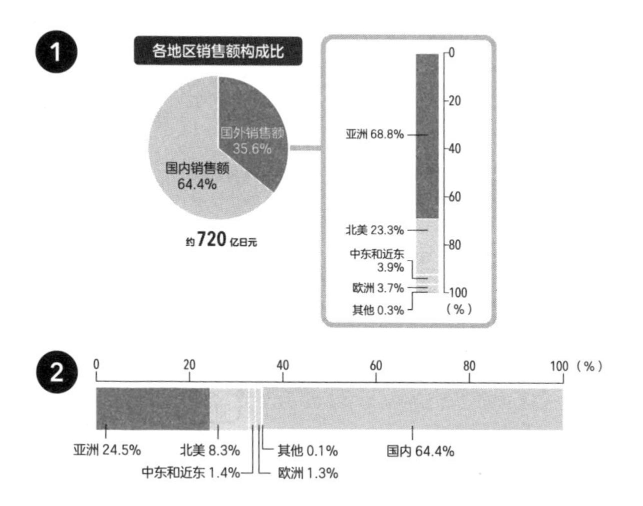

常见的失败案例

图表中各要素的排列方式没有传递意义

提高传达力的改善示例

合理调整图表中各要素的排列方式，使主题更加清晰明了

在做图的时候，有一点是创作者必须多加注意的。

那就是，不可将眼前的数据直接原原本本地进行图表化。

要用图表传递什么样的信息？先明确这一点之后再开始动手做图。

请大家观察“**失败案例**”，图中展示了 6 家店铺的销售额，将手头拿到的数字直接录入 Excel 就能做出这张图，然而即使反复仔细观察，也看不明白这张图究竟想表达什么。

让我们将视线转向“**改善示例**”，“**改善示例**”对数据柱的排列顺序进行了调整，改为由大到小排列。

信息内容与“**失败案例**”完全相同，但是给人的感觉却截然不同。图表本身没有向读者下达任何命令，既没有责备，也没有褒奖。

但是，在看到这张图的瞬间即可上下对比，每家分店之间的差距也一目了然。只要将主题融入图表，图表本身就会讲述相应的信息。

改善点

- 调整排序，让排位和差距变得一目了然
- 为突出数值最大的项目，该数据柱选用最深的颜色

失败案例

如果从要素排列上看不出趋势，就无法准确传达主题

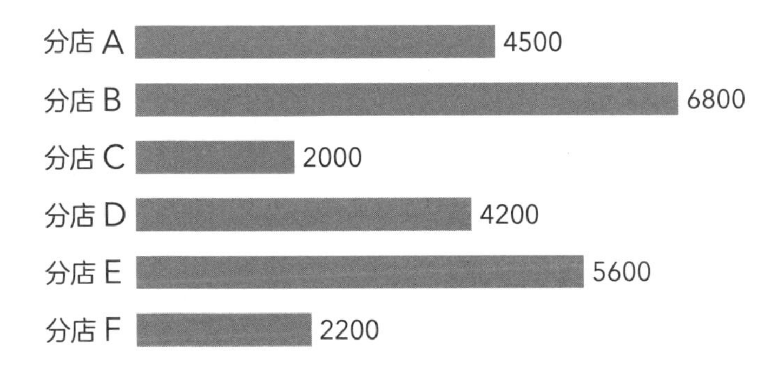

改善示例

若能关注到顺序和趋势，就能更加凸显主题

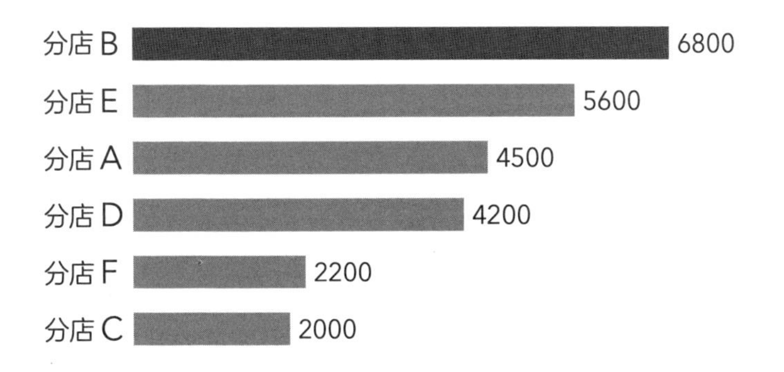

常见的失败案例

使用插图吸引读者注意力

提高传达力的改善示例

为保证准确传达信息，要选用恰当的插图

请看“**失败案例**”，用儿童的身高表现贫困率，既有冲击力又让人印象深刻。

但是，想必你也隐约觉得难以理解吧，这是情理之中的。

贫困并不是由身体的某个部分所产生的，和人体的水分含量等不同，要表示一个人贫困与否的状态，以身高作为基准这种做法本身就会引起误解。

那么再来看看“**改善示例**”，示例中准备了100个儿童的插图，根据实际比重相应地涂上颜色，既保证了含义的准确性，还合乎逻辑。

如此一来，读者应该就能毫无违和感地获取相应的信息了。

虽然使用了令人印象深刻的插图，但倘若弄错了含义，那就只会变得模糊不清，有时甚至会将错误的信息传递给读者。

所以大家在做图的过程中，一定不要忘记确认插图含义与图表信息内容的一致性。

改善点

- 重新审视信息与插图的一致性
- 用“人数”代替“身高”表示占比情况

失败案例

一旦使用了错误的基准，就失去了信息的准确性

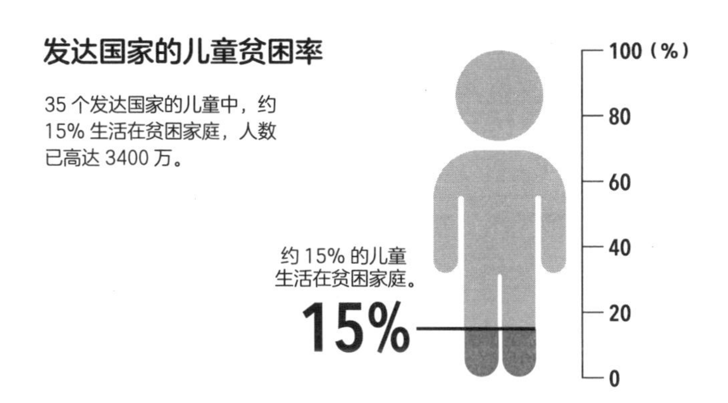

改善示例

使用符合逻辑的插图，即可高效准确地传达信息

常见的失败案例

得分表中仅简单罗列实际分数

提高传达力的改善示例

得分表要同时体现满分和实际得分

请大家先观察一下“**失败案例**”。你是否也在各种不同的场合见过类似的得分表呢？这种图表经常出现在购物网站、线上购物选购目录、杂志、新闻媒体等各种载体上。因为具备可直观确认评价结果的特点，所以想必你作为读者也会经常拿来参考。

但是，“**失败案例**”存在一个非常关键的问题，即无法得知“满分是多少”。

产品 B 在尺寸这一项上的得分有 5 颗星，高于其他产品或其他任一项。也许有的读者会认为 5 颗星就是满分。

但右边还留有一点空间，也可以想象也许 6 颗星才是最高分，这种可以有多种解读的得分表有时就会引起读者的理解偏差。

那么再来看看“**改善示例**”。

如果能明确“满分是多少”，那么各项分数的含义也就变得清晰明了了许多。

所以，一定要记得同时体现满分和实际得分。

改善点

- 明确“满分是多少”
- 未得分部分采用稍浅的颜色，与实际得分加以区别

失败案例

如果不知道满分是多少，就很难做出评价

本公司产品的特性

产品 A

产品编号 56-123456

价格	★★★★
速度	★★
使用成本	★★★
尺寸	★★

产品 B

产品编号 56-123457

价格	★★
速度	★★★★
使用成本	★★★
尺寸	★★★★★

改善示例

得分表要同时体现满分和实际得分

本公司产品的特性

产品 A

产品编号 56-123456

价格	★★★★☆☆
速度	★★☆☆☆☆
使用成本	★★★☆☆☆
尺寸	★★☆☆☆☆

产品 A

产品编号 56-123457

价格	★★☆☆☆☆
速度	★★★★☆☆
使用成本	★★★☆☆☆
尺寸	★★★★★☆

常见的失败案例

用粗边框圈起需要突出的部分

提高传达力的改善示例

不采用边框，而是借助数据柱本身的颜色及深浅对比强调重点

首先请看“**失败案例**”，其用粗边框将重要部分圈了起来，我想你也经常看到类似的强调关键信息的方法，但是，在图标上增加多余的要素，反而削弱了原本的印象。

增加粗边框，成了图表传达信息的绊脚石。

创作者想要突出部分内容的意图，读者也已经切实感受到了，但这么做也让整幅图变得不好理解，因为这看起来在强化所有要素的存在感。

其次来看看“**改善示例**”，删除了粗边框，调整了各个数据柱的颜色，仅对需要强调的数据柱选用了深色，其余都统一采用浅色。

只要进行如此简单的调整，不需要再添加多余的粗边框，图表就变得清晰明了了许多。

只有一点需要大家注意，不管是涂上不同的颜色，还是用颜色深浅来进行区别，只需调整到看起来有明显的不同即可。

在强调重点的同时，还要弱化其他部分的存在感，只有这样才能让整体更加层次分明。

改善点

- 需要强调的重点部分采用深色
- 不需要强调的部分，统一采用浅灰色

失败案例

用粗边框圈住信息，反倒会妨碍读者理解信息

各商品销量明细（个）

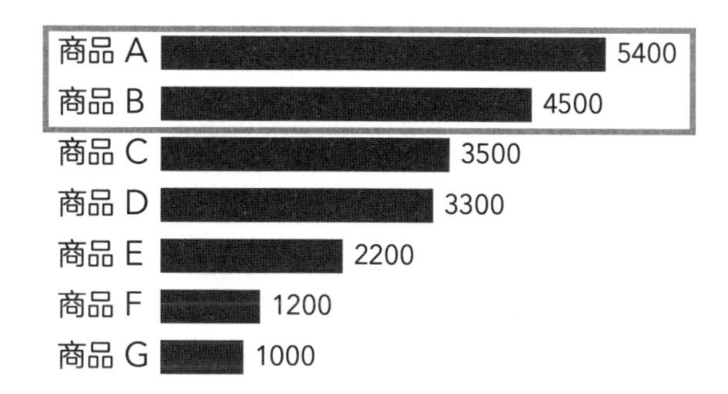

改善示例

借助颜色及深浅对比重点和非重点内容

各商品销量明细（个）

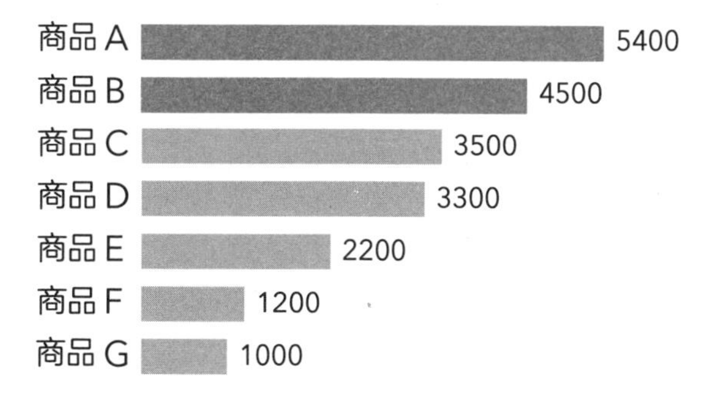

常见的失败案例

折线图采用较细的线条

提高传达力的改善示例

调整背景色及线条的粗细

请大家观察“**失败案例**”，这是一张折线图和柱形图的组合图。

可能的话还是希望大家不要采用组合图，最好能单独做图，因为两个信息组合在一起就会变得不容易理解。比如，可以考虑分成上下两部分呈现。

但是，也会遇到那种无论如何都没有足够的空间，被迫组合的情况。“**失败案例**”就是其中的典型，可以看出这个图表最突出的问题就是部分折线图完全与背景融合，存在感被弱化。

再来观察一下“**改善示例**”，背景的数据柱改用浅色，较宽的数据柱即便使用浅色也能保证其强烈的存在感。

除此之外，折线两端由原来的小黑点改为白色填充的圆圈，由此一黑一白形成鲜明对比，不论放在什么位置都会很显眼，也加粗了线条，使其变得更加有力。

时刻牢记，折线图上的点与线要根据其所在的位置选用合适的形状。

这些处理都有助于减少理解偏差及混乱。

改善点

- 将折线图上两端的点改为白底黑圆
- 加粗线条，背景数据柱改用浅色

失败案例

与背景颜色相近，整幅图不好理解

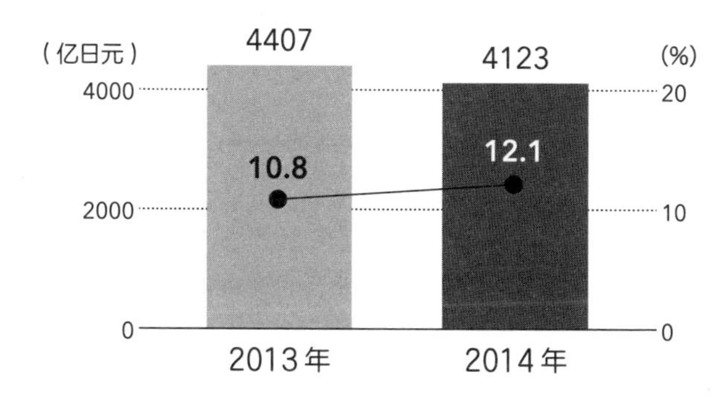

改善示例

只要对背景色和形状稍作调整，就会变得清晰明了

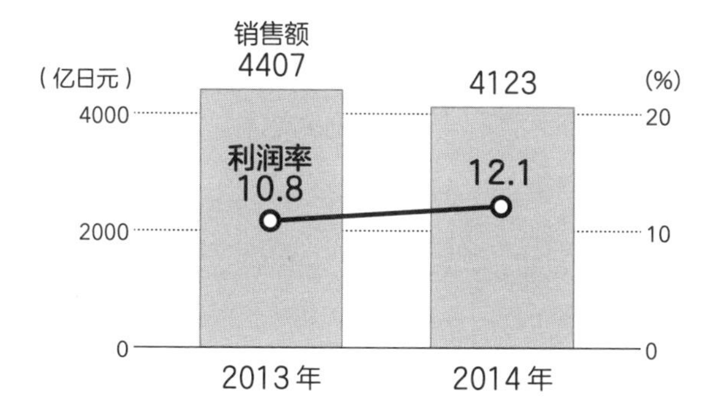

常见的失败案例

为突出资料内容，以最简单的方式表示页码

提高传达力的改善示例

标注页码时也要注明整份资料总共有多少页

我想应该很少有人会在做资料的时候关注到页码。但是，一旦站在读者的角度回顾就会发现，页码其实扮演着非常关键的角色。

拿到资料后，无论是泛读还是精读，纸张的顺序都很容易弄乱，每当这种时候，就要反复确认，将资料恢复到原来的顺序。

有时还需要从中抽出几页单独确认，抑或是拿到资料后先收起来，过段时间再翻阅。

但是，“**失败案例**”中的页码标记法会很容易让读者感到不安：“是不是还有第 5 页啊……”

当不确定手头的资料是否完整时，如果能知道总页数，想必就能踏实许多。

倘若能采用类似“**改善示例**”的表示方式，就能轻松知道总页数，如果将当前页的页码加粗，就会变得更加清晰明快。看起来是些不起眼的小事，但这些对读者来说都是非常有价值的信息。

改善点

- 改用同时呈现总页数的页码格式
- 加粗当前页的页码

失败案例

担心手头的资料是否齐全

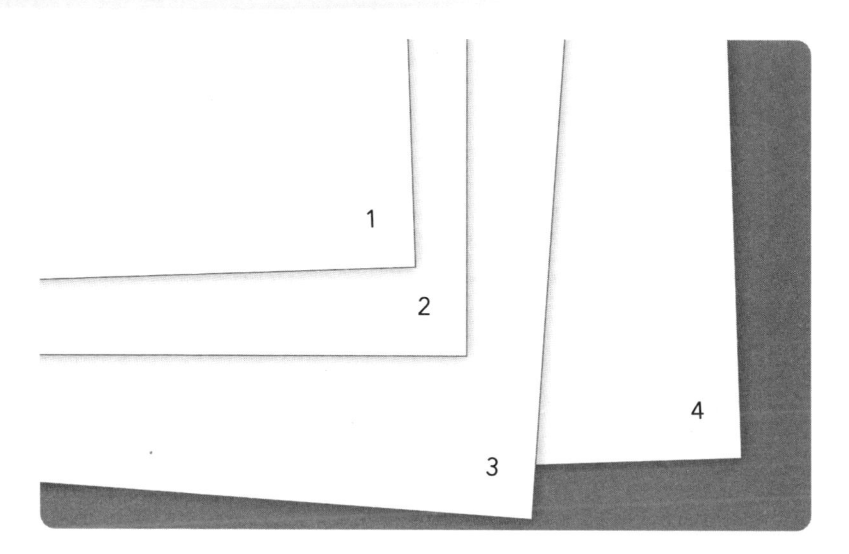

改善示例

只要知道了总页数，即可消除不安情绪

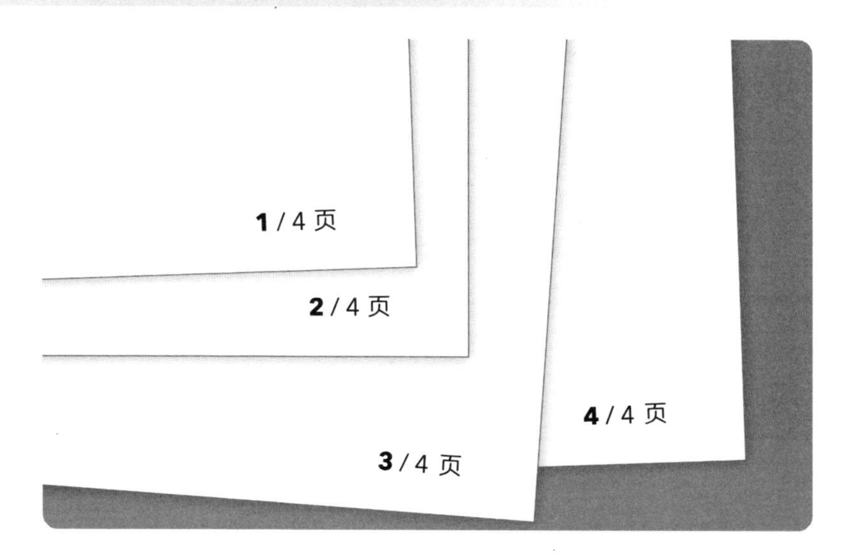

常见的失败案例

标题居中

提高传达力的改善示例

为突出标题，将标题加粗、放大、靠左对齐

在参加使用幻灯片的演讲时，经常会见到居中的标题，想必你应该也有过同样的体验吧。

但是，观察一下“**失败案例**”就能明白，标题居中既不突出，也不易理解。

如果要呈现读者容易理解的标题，那么就不能选择居中，而应该靠左对齐。

同时，必须放大字号，加粗字体。

诀窍在于把标题放大到让你怀疑“字是不是有点太大了”，这个大小就差不多足够了。“**改善示例**”中大标题的字号是正文的两倍。

即便如此，视觉上也毫无违和感。相反，“**失败案例**”中的文字大小，抑或是再稍微大一些的文字，视觉上对比也并不明显，整个画面没有层次，更无法吸引读者的注意。

除此之外，需要逐条罗列时可以选择像“改善示例”那样，增加简短的小标题，如此便可以让读者融入文字。

改善点

- 将标题改为靠左对齐
- 将标题字体加粗放大，增加了逐项罗列的小标题

失败案例

标题居中，使资料整体变得不好理解

关于我公司新产品的介绍

什么是“L-EX123”

我公司的新产品“L-EX123”是一款在确保节能降耗的基础上，实现前所未有的超高效率的新兴商务机器。

3个优势

· 大幅降低运行成本，与过往产品相比，处理速度有显著提升
· 内置多种模式，多个高品质的输出供您选择
· 搭载大型操作屏，操作简单。另外，增加密码认证，提高安全系数

改善示例

强调标题本身，即可提高资料的可读性

关于我公司新产品的介绍

■ 什么是“L-EX123”

我公司的新产品“L-EX123”是一款在确保节能降耗的基础上，实现前所未有的超高效率的新兴商务机器。

■ 3个优势

● 高产能
大幅降低运行成本，与过往产品相比，处理速度有显著提升。

● 高性能
内置多种模式，多个高品质的输出供您选择。

● 高操作性
搭载大型操作屏，操作简单。另外，增加密码认证，提高安全系数。

常见的失败案例

能分项罗列的内容全部分项书写

提高传达力的改善示例

进一步优化分项罗列的呈现形式，提升影响力

在文章中，分项罗列切实地发挥着一定的作用，每一行开头的项目符号（“·”和“■”）与末尾的留白等相呼应，吸引着读者的目光（详细内容可回顾第139页）。但是也有例外的情况。

请看“**失败案例**”。整个版面只有简短的几行字，给人一种凄凉之感。遇到这种情况，我们可以选择将简短的文字用图表的形式呈现。

请大家直接将目光转向“**改善示例**”。

不过是将3个圆排成一行而已，但整个版面变得很紧凑，也有了很强的冲击力。

你应该也有同感吧。

这是一个任何人都能随时实践的极为普通的小技巧，但实际却很少有人能灵活运用。

要想有效发挥这个方法的作用，就要让图形中的文字尽可能地保持简洁。一旦文字过多，首先图形里就摆不下，其次还很难像预期的那样吸引读者的注意。

所以，让我们先从准备简短的分项内容开始做起吧。

改善点

- 将分项罗列的文字收纳在一横排的圆圈中
- 标注序号，明确话题顺序

失败案例

分项罗列有时看起来有些枯燥乏味

针对本公司信息运用的评价要点

- 搜集力
- 整理力
- 传达力

改善示例

采用图表形式呈现，提高冲击力

针对本公司信息运用的评价要点

常见的失败案例

空间有限，对步骤进行说明时没有优化的余地

提高传达力的改善示例

突出各步骤的序号，使资料变得清晰易懂

在介绍步骤或流程时，将各步骤用方框圈起来，各步骤之间用箭头连接，这样才能让读者持续关注整个过程。

不过，有时版面空间有限，会导致这种方法毫无用武之地。面对这种情况，很多创作者都会选择仅凭文字介绍每个步骤，但是，还有没有更简明清晰的方法呢？

请大家观察一下“**失败案例**”。有限的空间内填满了说明文字，这种做法是迫不得已，但整体看起来很不清晰，读者甚至无法准确理解资料的整体结构。

但是，如果着眼于序号与文字的关系，还是有改进余地的，虽然只是很细微的调整。

请看“**改善示例**”，虽然只是将段首序号悬挂缩进，却让整份资料的结构变得清晰了许多，不是吗？

序号具备传达文章结构的功能，所以只要突出表现序号，就能让读者轻松地掌握说明文字的整体结构。

改善点

- 将各步骤序号悬挂缩进
- 加粗各步骤序号

失败案例

序号被文字淹没，看不到具体步骤

申请电子邮件服务的具体步骤

1. 登录电子邮件服务。注册账号后，在首页点击电子邮箱地址登录。
2. 输入电子邮箱地址，点击"更新"。在内容确认页面点击"登录"，
即可完成登录。最多可登录 2 个邮箱账号。
3. 接下来，办理电子邮件服务申请手续。在首页点击"电子邮件服
务申请"。
4. 勾选所需的服务项目，点击"更新"。

改善示例

只需将段首序号悬挂缩进，就能变得清晰明快

申请电子邮件服务的具体步骤

1. 登录电子邮件服务。注册账号后，在首页点击电子邮箱地址登录。
2. 输入电子邮箱地址，点击"更新"。在内容确认页面点击"登录"，即可完成登录。最多可登录 2 个邮箱账号。
3. 接下来，办理电子邮件服务申请手续。在首页点击"电子邮件服务申请"。
4. 勾选所需的服务项目，点击"更新"。

常见的失败案例

文章的排版以集中为原则

提高传达力的改善示例

灵活思考文字排版，当每行文字过长时可进行适当分割

请看“**失败案例**”，也许大家会感觉这个案例看起来很正常，会心生疑惑，“究竟哪里有问题呢？”

但是，仔细阅读后，眼光锐利的人便能察觉到这份资料一眼看上去好像可读性不强。

看上去虽然是很常规的文章，但是实际上每一行的字数都非常多，每一行都很长。

类似这样篇幅不长的文章，一般来说每一行文字最好不要太长，否则就会影响可读性。

我们再来看看“**改善示例**”。文章被分为左右两栏，每行的长度仅为原来的一半。

大家可以重新读一下这篇文章，改善后的文章应该更好读一些。

根据内容的不同，有些文章可能并不适合这种方法，但是像这样篇幅不长的文章，采用这个小技巧，效果就很明显。

从事会刊、例会报告等策划或制作的人，有机会一定要实践一下这个技巧。

改善点

- 单行文字过长，因此将文章分成左右两栏
- 减少每行字数，保证阅读节奏，提高可读性

失败案例

每行字数过多，会降低可读性

活动指引

关于举行劳逸结合讲演会的通知

你是否也常常苦于无法平衡工作和生活？最近，我们了解到很多员工都反映忙于工作，没有时间陪伴家人，无法享受属于自己的个人时间。结合下月举行的“员工感谢日”，我们准备了最适合大家的放松活动。如何才能很好地平衡工作与生活，企业需要建立什么样的保障机制，众多企业都遇到过这些问题，这次我们邀请了拥有丰富的企业演讲经验的著名讲师，他将为我们介绍具有划时代意义的提升员工凝聚力的机制和成功案例，希望大家可以携家属一同参与。活动当天，我们还会提供儿童托管服务，请各位员工及家属积极参与。讲演会于下月“员工感谢日”的下午 2 点在“筑梦厅”准时开讲。

改善示例

缩短每一行文字的长度，即可提升可读性

活动指引

关于举行劳逸结合讲演会的通知

你是否也常常苦于无法平衡工作和生活？最近，我们了解到很多员工都反映忙于工作，没有时间陪伴家人，无法享受属于自己的个人时间。结合下月举行的“员工感谢日”，我们准备了最适合大家的放松活动。如何才能很好地平衡工作与生活，企业需要建立什么样的保障机制，众多企业都遇到过这些问题，这次我们邀请了拥有丰富的企业演讲经验的著名讲师，他将为我们介绍具有划时代意义的提升员工凝聚力的机制和成功案例，希望大家可以携家属一同参与。活动当天，我们还会提供儿童托管服务，请各位员工及家属积极参与。讲演会于下月“员工感谢日”的下午 2 点在“筑梦厅”准时开讲。

常见的失败案例

放大字号，就能有效提升可读性

提高传达力的改善示例

比起字号，更应关注行间距

“把字放大一些吧，字太小都看不清楚了。”

你是否也接到过类似反馈呢？

很多创作者都认为只要把字号放大，就能提升资料的可读性。但是，这种想法是错误的。

就连不擅长看小字的老年人都能轻松阅读报纸上的新闻，所以字号大小不是问题。

那么，问题究竟在哪里呢？事实上，还有一个要素会对读者阅读产生巨大影响，即行间距。

请看“**失败案例**”。文字足够大了，却依旧不好懂。为什么？

因为行间距太窄了。再来看看“**改善示例**”，保证了足够的行间距，读起来很舒适。

事实上，“**改善示例**”中文字的字号也比原本小了 5%。

即使文字不够大，只要行间距设定合理，就不会降低可读性。

当然，如果文字过小自然也是不行的，这里只是想告诉大家，大多数资料可读性不强的原因在于行间距，所以请务必时刻关注、确认行间距是否妥当。

改善点

- 设定方便阅读的行间距
- 将字号缩小 5%，再次确认可读性

失败案例

如果行间距过小，即使文字足够大，也不好看

什么是汇率浮动风险?

随着汇率浮动，外币资产也有价值变动的风险。一般来说，当日元汇价走高时，外汇资产的价值就会有所下降。

改善示例

合理设定行间距，即使字号不大，也能提升可读性

什么是汇率浮动风险?

随着汇率浮动，外币资产也有价值变动的风险。一般来说，当日元汇价走高时，外汇资产的价值就会有所下降。

常见的失败案例

复杂的信息采用分项罗列的方式传达

提高传达力的改善示例

基于分项罗列对信息进行分类，并补充相应的图表

很多情况下，采用分项罗列的形式就可以提高文章类信息的可读性，但是，也会有分项罗列后效果并不明显的信息。

请看“**失败案例**”，虽然创作者已经将日程信息尽可能简短地进行了分项罗列，但是只读一次却很难掌握日程表的整体情况。

当多个信息复杂地混杂在一起时，光读文字，读者是很难在脑海中对信息进行分类的。

传达多个事项同时进行的日程表时，最好的解决办法是附上一张图。

让我们站在这个角度来观察一下“**改善示例**”，原有的信息被分成了3类：会议名称、时间、备注。

也许有人会认为，只要仔细阅读肯定能看明白。但我还是选择了将其图表化，因为省去读者思考的时间，有助于减少理解偏差，有了图表，“何时”“何事”一目了然。另外，我还参照日历的形式在下面添加了一张会议日程表。

如此一来，读者便可轻松掌握每周、每月的会议频次和各项会议的前后关系。

改善点

- 将信息分为3类，并图表化
- 参照日历的形式添加日程表

失败案例

复杂的信息，即使分项罗列也无法直观地传达

各项会议日程

①企划会议于每月第 1、第 3 个周五早上 10 点进行，在当周的周三下班之前，除了将企划书分发给企划部员工之外，还需通过邮件将其发送至销售部、企划部。

②例会（企划部）于每周二上午 10 点半进行，尽可能短时高效地结束会议。

③联络会（销售部、销售推进部）在企划会议结束的次周周二上午 10 点 45 分进行。

改善示例

对项目进行分类，并附上图表，就能拥有较强的传达力

各项会议日程

	时间		备注
❶ 企划会	第 1 个周五 第 3 个周五	10:00 am 10:00 am	**［会议资料］企划书**（当周周三） ● 单独分发：企划部 ● 邮件：销售部、企划部 ［参加人员］销售部、企划部
❷ 例会	每周周二	10:30 am	［参加人员］企划部
❸ 联络会	第 2 个周二 第 4 个周二	10:45 am 10:45 am	［参加人员］销售部、销售推进部

	一	二	三	四	五
第 1 周		❷ 10:30			❶ 10:00
第 2 周		❷ 10:30 ❸ 10:45			
第 3 周		❷ 10:30			❶ 10:00
第 4 周		❷ 10:30 ❸ 10:45			

常见的失败案例

可以分项罗列的项目较少时，就直接用文章传达

提高传达力的改善示例

即便可以分项罗列的项目较少，也要对信息进行梳理，附上图表加以呈现

当可以分项罗列的项目较少时，创作者可能就会认为需要传达的信息并不复杂，这种程度的内容，读者应该能充分理解。

那么请先观察一下“**失败案例**”。分项罗列的项目只有两个，但是你觉得这个信息是很轻易就能理解的内容吗？如果你是一名读者，你应该会感觉到这是一份“令人不适的资料”。

即使项目数较少，很多情况下也无法断言这份信息就是简明易懂的，因为如果单个项目中包含较为复杂的内容，那么读者理解信息的负担并没有减轻。

再来观察一下“**改善示例**”。它将只有两项的信息进行了图表化，还附上了解说图表。

如此一来，便可自信地说，读者能够轻易理解什么时候召开什么会议了。

当项目数较少时，将信息做成图表其实也花不了太长时间。

只需把对读者的关怀和照顾稍稍体现在文字中，就能大大转变整份资料给人的印象。

改善点

- 将分项罗列的文字进行图表化
- 附上以时间轴为中心的图表

失败案例

即使仔细周全地进行解释说明，文字的力量也是有限的

关于召开商品说明会与商品名研讨会的通知

①商品说明会定于距发售日约 50 天前的周二上午 9 点半进行。在说明会的前一天，即周一下午 5 点前会将说明资料及其他相关资料通过邮件发送给销售部、商品企划部，同时也会将说明资料上传至 OA 平台。

②商品名研讨会将在进行商品说明会的同一周的周五上午 9 点半进行。会议前一天下午 5 点前商品名草案及其他相关资料将通过邮件发送给各部门部长及销售部。

改善示例

小小的图表，可以减少读者理解信息的负担和麻烦

关于召开商品说明会和商品名研讨会的通知

	时间	备注
❶ 商品说明会	距发售日约 50 天前 周二 9:30 am	**[会议资料] 商品说明资料、相关资料** (当周周一 5:00 pm 前) ● 邮件：销售部、商品企划部 ● OA 平台：全公司范围内共享
❷ 商品名研讨会	商品说明会同一周 周五 9:30 am	**[会议资料] 商品名草案、相关资料** (当周周四 5:00 pm 前) ● 邮件：各部门部长、销售部

2 个月前　发售日 50 天前　1 个月前

❶ 周二　❷ 周五　→ 发售日

常见的失败案例

以个人视角制作列表

提高传达力的改善示例

带着意图分类信息，并调整排列方式

首先从“**失败案例**”说起。**失败案例**只是将项目内容简单地罗列在一览表中。

你能从中读取到什么信息呢？或许几乎读取不到什么信息吧，也就勉强能看出这个公司和14个国家有贸易往来。

这个状态下的信息，几乎可以说没有任何价值。

其次来观察一下“**改善示例**”，其将全球各国按照地域划分，参照世界地图的方式，进行排列。可以看出，这个方法虽然简单，却能让列表的传达力明显提升。

比如，可以直观地理解，这个公司在全球较大范围内都有商品出口，也能发现有贸易往来的中东国家比其他地区国家要多一些。

在传递信息时，必须依据主题，恰当地分类。

如此一来，虽然信息内容相同，却能大幅改变给人留下的印象。而“**改善示例**”不过是众多改善成果中的一个范例而已，比如还可以按照GDP分类，或是按照出口量分类，总之分类方法是无限的。

所以，一定要立足于信息的主题进行分类。

改善点

- 将以五十音图为顺序的一览表改为按地域划分的列表
- 为方便读者把握整体形象，效仿世界地图排列

失败案例

读者无法从没有意义的列表中把握整体情况

本公司产品的出口国（按五十音图排序）

- 美国
- 伊拉克
- 伊朗
- 澳大利亚
- 韩国
- 科威特
- 沙特阿拉伯
- 新加坡
- 瑞士
- 中国
- 智利
- 德国
- 尼日利亚
- 委内瑞拉

改善示例

在分类和排列方式上稍稍花点心思，即可帮助读者掌握整体情况

本公司产品的出口国

欧洲
- 瑞士
- 德国

非洲
- 尼日利亚

中东
- 伊拉克
- 伊朗
- 科威特
- 沙特阿拉伯

亚洲
- 韩国
- 新加坡
- 中国

大洋洲
- 澳大利亚

北美洲
- 美国

南美洲
- 委内瑞拉
- 智利

常见的失败案例

通过减少层次，让信息变得简洁明了

提高传达力的改善示例

适度层次化，
帮助读者集中理解信息

过多地增加信息层次，会让对方感到混乱，所以最好尽可能减少信息层次。这的确是一个很合理的思路，我也赞同这种想法。

但是，如果失去了理解信息所需的必要层次，那么就会导致读者无法准确理解信息的结构。

请大家观察一下“**失败案例**”，这是一张介绍学校课程的图表，共计有 16 项课程，但是看来看去总让人搞不明白，因为选项过多，让人感到凌乱，不知道选择哪个才好。

这种情况下，将信息整合建立相应的层次，就能让对方轻松掌握信息内容。

对照一下“**改善示例**”，将 16 项课程大致划分为 4 组，通过适当增加信息层次，保证对方可以高效读取信息内容。

倘若能够适当、合理地建立信息层次，那么即使选项的数字相同，也将大幅提高读者做出判断和选择的效率。

改善点

- 将 16 种选项整合为 4 大类
- 给每个类别命名，轻松列入各选项

失败案例

没有层次的选项，项目数过多，导致对方难以抉择

本校的课程设置

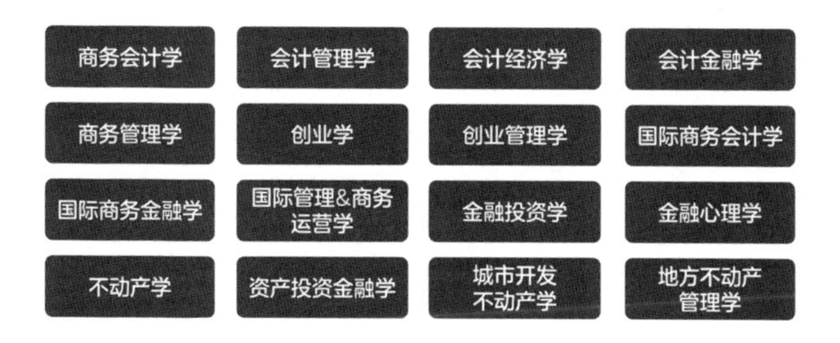

改善示例

将选项分组，即可帮助读者快速做出选择

本校的课程设置

会计学系课程
- 商务会计学
- 会计管理学
- 会计经济学
- 会计金融学

金融学系课程
- 国际商务金融学
- 金融投资学
- 金融心理学

不动产策划学系课程
- 不动产学
- 资产投资金融学
- 城市开发不动产学
- 地方不动产管理学

商务管理学系课程
- 商务管理学
- 创业学
- 创业管理学
- 国际商务会计学
- 国际管理&商务运营学

常见的失败案例

关键内容用不同的颜色表示

提高传达力的改善示例

使用加粗字体或下画线，而不是改变颜色

大家应该经常会看见使用不同的颜色标注重要信息的资料或手册。很多创作者都认为，在需要对方重点关注的部分选用不同的颜色，是一个行之有效的办法。但其实也可能会适得其反（请参照第 70 页）。

请大家先观察一下“**失败案例**”，核心部分调整了文字颜色。

可是，我希望大家能时刻牢记一点，即对颜色的认识、感知因人而异，有人对颜色很敏感，有人就很迟钝。在色觉障碍者眼中，彩色都会变成黑白两色。

除此之外，如果进行黑白印刷，无论是文字还是插图，所有颜色的效果会被弱化。一般来说，黑色最不容易被印刷效果影响，所以像“**改善示例**”那样，使用加粗字体和下画线更可靠一些。

针对需要强调的重要信息，可以采用不同的颜色，但也可以考虑采用除颜色之外其他更具传达力的方法。

这样做的目的只有一个，那就是让我们展示出来的信息可以充分适应任何情形，有效传达给所有人。

改善点

- 出于突出强调的目的，将文字加粗
- 在加粗字体的基础上使用下画线，提升冲击力

失败案例

黑白复印时，关键信息有被弱化的风险

网络服务协议注意事项

“协议 B”的有效期为 2 年。除协议续期外，解除协议时我方将另外收取合约解除费用，还请谅解。

改善示例

加粗字体 & 下画线在任何情形下都能发挥作用

网络服务协议注意事项

“协议 B”的有效期为 2 年。除协议续期外，解除协议时我方将**另外收取合约解除费用**，还请谅解。

常见的失败案例

目录中的页码必须靠右对齐

提高传达力的改善示例

将页码靠左对齐，使其靠近目录

在编辑篇幅较长的文章或资料时，大多数情况都会附上目录。一般来说，横向书写的文章，大部分会选择最传统的做法，即页码靠右对齐。

请大家对照“**失败案例**”，是非常常见的目录页码排版方式。

内容与页码用虚线连接，这种表现方法可以说已经固化成了社会的一般常识，所以想必大家也不会觉得有什么违和感。

但是，这种表现方式真的更加容易理解吗？你是否对这个常识产生过疑问呢？

用手指比着长长的虚线对照页码和页码就标记在目录左侧，哪种方式更能减少读者的理解偏差呢？

再来观察一下“**改善示例**”，页码就放在目录内容的左侧。

不再需要用手指比着线对照，就能立即明确页码。

这种表现方法在国内外都很常见，或许你也曾经看到过。

可以将这个节省人们阅读精力的方法记在脑海中。

改善点

- 删除连接目录内容和页码的虚线
- 将页码转移到目录内容的左侧

失败案例

当需要对照的信息位置较远时，确认工作就会变得很麻烦

我公司的宣传策略

1. 我公司宣传策略所处的环境……P2
2. 我公司需立足于活动视角……P4
   - 构建宣传策略的基础视角……P5
   - 宣传策略的基本方向……P7
   - 宣传策略的基本框架……P8
3. 我公司的宣传策略……P9
   - 宣传策略的具体措施……P12
   - 宣传策略的推进步骤……P14
4. 我公司的宣传策略体制……P16

改善示例

将页码标记在目录左侧，可以轻松确认

我公司的宣传策略

页码	
2	1. 我公司宣传策略所处的环境
4	2. 我公司需立足于活动视角
5	构建宣传策略的基础视角
7	宣传策略的基本方向
8	宣传策略的基本框架
9	3. 我公司的宣传策略
12	宣传策略的具体措施
14	宣传策略的推进步骤
16	4. 我公司的宣传策略体制

结语

众所周知，生活在 17 世纪上半叶的法国哲学家勒内・笛卡儿（René Descartes）也是一名伟大的数学家，比如正是他发明了“坐标”。

坐标的诞生可以说震惊了当时的数学界。有了坐标，每个人都能直观地理解不断变化的数值，被数字支配的世界也随之发生剧变。

坐标并不仅仅适用于解析几何学领域，还指明了数学在未来的发展方向，牛顿、爱因斯坦等天才学者也沿袭了这个概念。如果尝试着思考坐标对于整个社会的意义，那么我想本书讨论的图表的起源中必定有笛卡儿的存在。

也许，还有人会回想起与笛卡儿生活在同一个时代的数学家布莱士・帕斯卡（Blaise Pascal）。对概率论的发展做出极大贡献的帕斯卡在其著作《思想录》中有这样一句话：“雄辩就是讲述事物的本领，听讲的人能够毫不勉强高高兴兴地倾听它们。”说得夸张一些，以图表制作方法为主体的本书，会是让帕斯卡口中的雄辩变为现实的工具吧。

继续翻阅《思想录》的过程中，我又读到了这样一段文字。“很多人在谈论自己写的书时，都会称之为‘我的书’，但是原本不应该称作‘我们的书’吗？因为比起作者，书里包含更多的是他人的东西。”

“其实，您可以试着创作一本有关图表的书。”

一天，逻辑思维教育的先驱者渡边老师向我抛出这样一个建议，而这也成了本书诞生的契机。倘若没有渡边老师的支持，这本书绝不可能出现在世人眼前。

除此之外，在我的创作过程中，也获得了编辑古川有衣子很多非常宝贵的意见和建议。

正是有了他们，这本书才得以成形。在这里，我想向他们两位表示衷心的感谢。

现在回过头再看，我才发现这本书的大部分内容都是设计界前辈积累至今的真知灼见，我不过是按照我个人的理解尝试性整理了而已。我所掌握的大部分知识，是无法脱离前辈们的宝贵成果而独立存在的。

当时正好是一个寒冬，我借着手里的热咖啡取暖，在苦恼中摸索着创作。我还记得，房间里播放着桑松·弗朗索瓦（Samson Francois）独奏的德彪西钢琴曲。创作是孤独的。但是现在回过头看，如果有人问我，这本书是纯粹地仅靠我个人的力量创作出来的吗，我想我是回答不上来的。

无须再次引用帕斯卡先生的文字，如果这样称呼并不冒犯他人的话，毋庸置疑，我必须将它称为“我们的书”。

我之所以会在“提高可读性”上花费大量的时间，是因为深受过去在蒙古的经历的影响。连蒙古语都不太会讲的我，曾在蒙古首都的一所学校作为设计课教师站在讲台上。

无论是在学校里，还是在学校外，从未那般为传达想传达的事物而受苦遭罪。也正是因为这样的背景，我才开始思考是否可以凭借设计的力量突破“说明解释”的辛苦。

正因如此，我更要将这本书献给在蒙古邂逅的学生、与我共事的同僚，以及曾经关照过我的朋友们。

2017 年 6 月　桐山岳宽

参考文献

Bigwood, S. and Spore, M. (2003). *Presenting Numbers, Tables, and Charts.* New York: Oxford University Press.

Bowker, G. and Star, S. (2000). *Sorting things out.* Massachusetts: The MIT Press.

Cairo, A. (2013). *The Functional Art.* Barkeley: New Riders.

Ervin, C. (2011). Pie charts in financial communication. In *Information Design Journal* 19(3), pp. 205—215.

Hartley, J. (1994). *Designing Instructional Text.* New Jersey: Kogan Page.

Holmes, N. (1991). *Designer's guide to creating charts & diagrams.* New York: Watson Guptill.

Horn, R. (1999). Information Design: The Emergence of a New Profession. In R. Jacobson (Eds.), *Information Design* (pp. 15—33). Massachusetts: The MIT Press.

Joshi, Y. (2003). *Communicating in Style.* New Delhi: The Energy and Resources Institute.

Knaflic, C. (2015). *Storytelling with data.* New Jersey: Wiley.

Kosslyn, S. (1994). *Elements of graph design.* New York: W. H. Freeman and Company.

Tufte, E. (1983). *The visual display of quantitative information.* Connecticut: Graphics Press.

Westendorp, P. and Waarde, K. (2000 / 2001). Icons: Support or substitute? In *Information Design Journal* 10(2), pp. 91—94.

Waller, R. (1982). Using typography to improve access and understanding. In D. H. Jonassen (Eds.), *The technology of text.* New Jersey: Educational Technology Publications.

Wong, D. (2010). *The Wall Street Journal Guide to Information Graphics.* New York: Norton.

Wright, P. (2015). Designing information for the workplace. In J. Frascara (Eds.), *Information design as principled action.* (pp. 67—74). Illinois: Common Ground Publishing.

ワーマン , R. (1990).『情報選択の時代』. 日本実業出版社 .

读者特权

登录以下网址或扫描下方二维码即可获得大量制作图表所需的素材。

https://kanki-pub.co.jp/pages/zukaitext/